Gilson José Fidelis
Márcia Regina Banov

Gestão de Recursos Humanos
Tradicional e Estratégica

3ª Edição Revisada e Atualizada

CB004160

SOMOS EDUCAÇÃO | Editora Saraiva

Av. das Nações Unidas, 7221, 1º Andar, Setor B
Pinheiros – São Paulo – SP – CEP: 05425-902

SAC | **0800-0117875**
De 2ª a 6ª, das 8h00 às 18h00
www.editorasaraiva.com.br/contato

DADOS INTERNACIONAIS DE CATALOGAÇÃO NA PUBLICAÇÃO (CIP)
ANGÉLICA ILACQUA CRB-8/7057

Fidelis, Gilson José
   Gestão de recursos humanos: tradicional e estratégica /
Gilson José Fidelis, Márcia Regina Banov. – 3. ed. rev.
e atual. – São Paulo : Érica, 2017.
   176 p.

   Bibliografia
   ISBN 978-85-365-2203-6

   1. Recursos humanos 2. Administração de pessoal I.
Título II. Banov, Marcia Regina

17-0291
CDD-658.3
CDU-658.3

Índice para catálogo sistemático:
1. Recursos humanos : Gestão:
   Administração de pessoal

Copyright© 2017 Saraiva Educação
Todos os direitos reservados.

3ª edição
2017

Vice-presidente	Cláudio Lensing
Gestora do ensino técnico	Alini Dal Magro
Gerente de projeto	José Ferreira Filho
Coordenadora editorial	Rosiane Ap. Marinho Botelho
Editora de aquisições	Rosana Ap. Alves dos Santos
Assistente de aquisições	Mônica Gonçalves Dias
Editoras	Márcia da Cruz Nóboa Leme
	Silvia Campos Ferreira
Assistentes editoriais	Paula Hercy Cardoso Craveiro
	Raquel F. Abranches
	Rodrigo Novaes de Almeida
Editor de arte	Kleber Monteiro de Messas
Assistentes de produção	Fábio Augusto Ramos
	Valmir da Silva Santos
Produção gráfica	Marli Rampim

Revisão	Ana Paula Felippe
Diagramação	Casa de Idéias
Projeto gráfico de capa	Casa de Idéias
Impressão e acabamento	Gráfica Paym

CL 641542   CAE 619861

Dedicatória

Aos meus queridos pais, Diomar e Lourdes, e ao meu irmão Orival, que me incentivam a aprender sempre.

A Amanda, Regiane, Ranieri e Talita pelo amor e paciência de filha, esposa e enteados.

Gilson José Fidelis

A todas as pessoas interessadas no bem-estar do próximo e, em especial, aos meus filhos Gabriel, Thiago, Beatriz e ao meu esposo Ruben.

Márcia Regina Banov

*Bem-aventurados o homem que
acha a sabedoria e o homem que
adquire conhecimento.
(Ecl. 3; 13)*

Agradecimentos

Aos executivos que passaram pela minha vida profissional ao longo destes 30 anos de carreira na área de Recursos Humanos.

Aos doutores e mestres que me ensinaram o caminho certo da profissão, em particular ao Dr. Roberto Kanaane e ao Dr. Edmir Kuazaqui, que nos prestigiaram com o prefácio.

Aos meus alunos, que são experiências vivas de aprendizado.

Devo uma singular palavra de gratidão à mestra Márcia Regina Banov pelo esforço conjunto na realização deste livro.

Gilson José Fidelis

Ao Pai Supremo, pela dádiva da vida e do conhecimento.

Aos meus pais, João e Balbina, pelo contínuo incentivo aos estudos.

Aos meus alunos, fonte inspiradora deste livro.

Aos colegas que apoiaram este trabalho, em especial ao Dr. Edmir Kuazaqui e ao Dr. Roberto Kanaane.

Ao colega Gilson José Fidelis, que dividiu a responsabilidade na elaboração deste livro.

Márcia Regina Banov

SUMÁRIO

Capítulo 4 – A Permanência na Organização   89

Prefácio

O livro *Gestão de Recursos Humanos: Tradicional e Estratégica* apresenta, de maneira didática, temas de relevância, destacando aspectos atuais e contemporâneos.

Os autores sinalizam informações abrangentes quanto ao panorama da gestão de Recursos Humanos, tendo como foco o ingresso do profissional na organização, treinamento, desenvolvimento e plano de carreira, contemplando, inclusive, a avaliação de desempenho de maneira esclarecedora.

A obra traz à tona ideias e práticas associadas ao plano de cargos e salários, sistemas de remuneração, programas de medicina e segurança do trabalho. É inegável a valiosa contribuição que os professores Gilson José Fidelis e Márcia Regina Banov trouxeram ao abordar a temática da gestão de Recursos Humanos sob a perspectiva estratégica, além dos trabalhos existentes, enriquecendo os textos com tópicos de interesse prático e oportuno.

Parabenizo os autores pela valiosa proposta, considerando, inclusive, sua abrangência, o que só vem reforçar as suas experiências profissionais que, a meu ver, estão presentes de forma marcante em todo o livro.

Prof. Dr. Roberto Kanaane
Doutor em Ciências pela Universidade de São Paulo (USP).
Sócio-diretor da Roka Consultoria em Recursos Humanos.
Gestor acadêmico da Universidade de Mogi das Cruzes.
Membro da Academia Paulista de Psicologia, ocupando a Cadeira nº 21.
Autor de livros publicados pelas editoras Atlas e Nobel.

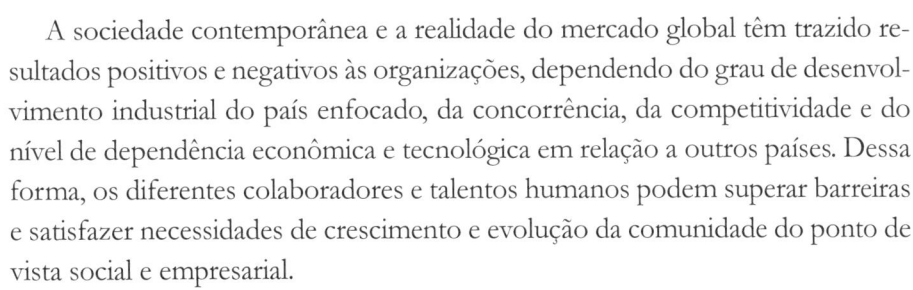

A sociedade contemporânea e a realidade do mercado global têm trazido resultados positivos e negativos às organizações, dependendo do grau de desenvolvimento industrial do país enfocado, da concorrência, da competitividade e do nível de dependência econômica e tecnológica em relação a outros países. Dessa forma, os diferentes colaboradores e talentos humanos podem superar barreiras e satisfazer necessidades de crescimento e evolução da comunidade do ponto de vista social e empresarial.

Em *Gestão de Recursos Humanos: Tradicional e Estratégica*, os autores abordam de maneira contributiva o panorama e as particularidades que envolvem identificação, análise, manutenção e gestão de talentos humanos de uma empresa. As constatações, observações, análises e ensinamentos desenvolvidos nos capítulos traduzem a maturidade, a perspicácia, o profissionalismo, a abrangência e a seriedade com que os autores trataram os temas vinculados à gestão de Recursos Humanos, fruto de suas experiências acadêmicas, de magistério superior e profissional. Pode-se afirmar que a obra evidencia aspectos extremamente relevantes e atuais no âmbito da gestão estratégica, atendendo carências, necessidades e expectativas dos diferentes públicos internos e externos, considerando suas particularidades e tendências atuais.

Os autores manifestam, com muita propriedade, as descobertas advindas do contexto empresarial, destacando o nível psicológico, a preocupação com a empregabilidade, a qualidade de vida, a tecnologia de informação aplicada à área, concluindo com a gestão estratégica de talentos humanos.

Assim, parabenizo Márcia Regina Banov e Gilson José Fidelis por mais esta contribuição de relevância acadêmica, profissional, econômica e social, que caracteriza todo o histórico de habilidades, qualidades e competências dos autores, recomendando a todos aqueles que desejam sucesso em seus respectivos desafios.

Dr. Edmir Kuazaqui
Consultor presidente da Academia de Talentos.

Apresentação

Em sua atividade liberal, um médico, um engenheiro ou qualquer outro profissional precisa de um assistente ou de um secretário para colaborar na gestão de seu negócio. Um contabilista pode precisar contratar e administrar pessoas em seu escritório. Muitos profissionais estão abrindo seus próprios negócios, criando produtos ou serviços e administrando pessoas. Dentro desse contexto, este livro foi elaborado para os diversos profissionais liberais, empresários, consultores, estudantes de todas as áreas acadêmicas e para as pessoas que se interessam pelo tema Recursos Humanos (RH).

A obra oferece um panorama da gestão de Recursos Humanos, bem como aborda a administração tradicional e suas características pragmáticas; a evolução da área de RH ao longo da história; a administração estratégica, focando na melhoria do trabalho e na busca por resultados, por meio de práticas modernas de orientação das pessoas e das empresas; o ambiente organizacional como facilitador do planejamento de Recursos Humanos e o incentivo à criatividade das pessoas e ao desenvolvimento de suas potencialidades.

Com linguagem simples e coloquial, apresenta as principais teorias que apoiam a gestão de Recursos Humanos, os instrumentos básicos de estudo da cultura organizacional e esclarecimentos sobre os principais procedimentos utilizados em empresas que procuram estabelecer critérios profissionais em suas práticas de gestão administrativa.

Acompanha a trajetória das pessoas desde o ingresso na empresa, o cargo, a captação de profissionais por meio do recrutamento, a escolha e a recomendação desses profissionais que atendem ao perfil do cargo pelo processo de seleção e os tipos de contratação mais utilizados nas empresas e suas características legais.

Trata ainda da permanência das pessoas na empresa por meio da integração gerada pelo processo de socialização, do preparo estratégico das pessoas; da importância do treinamento como fonte de identificação de talentos e das condições para seu desenvolvimento profissional e seu progresso, estabelecido pelo plano de carreira que as empresas inteligentes elaboram para sustentar sua estratégia.

O livro destaca a avaliação de desempenho como instrumento estratégico dos gestores; a descrição e a avaliação de cargos como ferramenta do planejamento salarial; os sistemas de remuneração como processo fundamental para conseguir o comprometimento e a motivação das pessoas; a preocupação com a saúde e a segurança, propiciando mais produtividade e qualidade de vida; o estresse e suas causas, bem como seus sintomas físicos, psicológicos e comportamentais,

comentados de maneira profissional, e as medidas tomadas pela empresa para evitar esse mal.

Quanto ao desligamento da pessoa de seu trabalho, a obra ressalta a empregabilidade como tema moderno e esclarece pontos importantes no preparo da pessoa para enfrentar o mercado de trabalho. Questões que apoiam também a gestão de Recursos Humanos como Departamento de Pessoal, Serviços Gerais e a utilização de softwares como ferramenta estratégica para garantir a eficiência e a eficácia no tratamento das informações geradas na área de RH; novas tecnologias a serviço da administração e a importância dos indicadores de desempenho são também abordados.

Esta terceira edição foi atualizada contendo, além de novas abordagens dos processos da gestão estratégica de Recursos Humanos, a importância da área de RH como administrador do novo sistema de controle das obrigações trabalhistas, previdenciárias e tributárias da folha onerosa da empresa (eSocial) dos diversos contribuintes em todo o território nacional, de acordo com o Ato Declaratório Executivo nº 5/13 (DOU 18/07/2013), que passa a integrar o Sistema Público de Escrituração Digital (Sped), que desde 2007 incorpora o avanço na informatização das informações entre o fisco e os contribuintes.

Traz ainda a atualização dos direitos adquiridos pelos empregados domésticos e as obrigações dos empregadores, de acordo com a Lei Complementar nº 150, de 1º de junho de 2015. Aborda a aplicação da NBR ISO 10015 – Diretrizes para treinamento, e a Redação das Normas Regulamentadoras (NR), tornando o texto útil e extremamente atual.

Também inclui nova redação sobre a importância da Descrição e das Especificações de Cargos, na base para o Planejamento de Cargos e Salários na empresa. Destaca as principais etapas para a implementação do plano: definição dos grupos ocupacionais, pesquisa de salários, e tratamento dos dados com estatísticas básicas e metodologias (qualitativa e quantitativa) para a classificação dos cargos no organograma.

Trabalhando sempre com o foco no tradicional e no estratégico de cada tema, o livro permite ao leitor estruturar seus conhecimentos, oferecendo-lhe condições para desenvolver a capacidade de análise e reflexão crítica sobre a realidade empresarial e suas práticas administrativas, sem perder de vista as pessoas, fator crítico do sucesso do planejamento de Recursos Humanos.

Para finalizar, há um estudo de caso que foi desmembrado em sequências, conforme os temas abordados, ou seja, desenvolve-se ao longo do livro.

Sobre os Autores

Gilson José Fidelis

Graduado em Relações Públicas pela Universidade Metodista de São Paulo (Umesp), MBA em Recursos Humanos e Talentos e em *e-Business* – Tecnologia e Sistemas de Informação pela Universidade de Mogi das Cruzes (UMC), extensão MBA pela California State University – Hayward, e mestre em Administração com ênfase em Gestão de Pessoas e Organizações pela Universidade Metodista de São Paulo (Umesp), com 30 anos de experiência profissional na área de Recursos Humanos.

Professor universitário de graduação (bacharelado e tecnologia) e pós-graduação nas áreas de Gestão. Consultor independente na área de Gestão de Pessoas.

Autor dos livros *Gestão de Recursos Humanos: Tradicional e Estratégica*, *Gestão de Pessoas: Rotinas Trabalhistas e Dinâmicas do Departamento de Pessoal* e *Gestão de Pessoas: Estrutura, Processos e Estratégias Empresariais*, publicados pela Editora Érica.

Márcia Regina Banov

Graduada em Psicologia, especialista em Educação e mestre em Psicologia Social e do Trabalho.

Profissional de Recursos Humanos com experiência em várias empresas e diversos setores.

Palestrante em congressos, empresas e outros eventos.

Professora universitária (graduação e pós-graduação). Profissional independente de treinamentos e cursos.

Autora de livros e artigos relacionados à Gestão de Pessoas.

PANORAMA DA GESTÃO DE RECURSOS HUMANOS

A administração de Recursos Humanos (RH) é uma área focada em políticas e práticas empresariais para gerenciar as pessoas em seu ambiente de trabalho. Por ser multidisciplinar, ela congrega a Sociologia Organizacional; a Psicologia do Trabalho; as legislações trabalhista, previdenciária e tributária; a Medicina e segurança do trabalho; o Serviço Social etc.

A estrutura de Recursos Humanos varia conforme a organização, de acordo com seu histórico e suas necessidades internas e externas. Para entendermos melhor a área e sua contribuição para o planejamento estratégico organizacional, é necessário descrever seus subsistemas:

➤ **Cargos:** no modelo de estruturação organizacional escolhido pelos dirigentes (tipo de organograma e departamentos), o cargo é a base para determinar competências, responsabilidades e autoridades que definem a hierarquia do negócio. O cargo é a unidade de negócio que responde pelos resultados esperados pelos *stakeholders*.[1] Ou seja, as atividades e as especificações requeridas pelo cargo representam a ligação entre as demandas externas com as atuações internas. Legalmente, o cargo é obrigatório nas relações de emprego constituídas no Brasil (Consolidação das Leis do Trabalho – CLT).

➤ **Salários:** elemento de suma importância no processo de contratação e de admissão. É o valor estabelecido e pago ao trabalhador pela prestação de serviços, conforme os artigos 2º e 3º da CLT. A administração dos salários

---

1 *Stakeholder*: neste contexto, utiliza-se a definição de partes ou grupos de interesse (órgãos públicos ou privados, clientes, fornecedores, sociedade etc.).

é imprescindível para que possa ocorrer justiça em relação aos esforços e à percepção de valor que as pessoas têm quanto ao montante recebido pela contrapartida de sua prestação de serviço. Também é relevante levar em consideração que as práticas salariais adotadas podem representar a construção da identidade com o trabalhador e sua respectiva permanência na empresa.

> **Recrutamento:** prática desenvolvida para captar candidatos qualificados que atendam às especificações de cargo e de salário. A partir da solicitação do requisitante da "vaga" de emprego, o setor de recrutamento é responsável pela avaliação da mobilidade do mercado em relação ao equilíbrio entre oferta e procura por emprego. Ou seja, cabe ao recrutamento minimizar o tempo entre a solicitação e a captação de currículos que atendam às especificações do cargo, utilizando técnicas internas, externas ou combinadas.

> **Seleção:** atividade que procura conhecer os candidatos pessoalmente, comparando as competências individuais com as especificações do cargo. Utilizam-se técnicas específicas para auxiliar na objetividade do processo (entrevista, testes, provas etc.) antes do encaminhamento para o requisitante, que definirá a melhor opção e encaminhará para o Departamento de Pessoal providenciar os trâmites legais.

> **Departamento de Pessoal:** responsável pela administração trabalhista, previdenciária e tributária; e admissão e controle dos documentos pessoais, profissionais e disciplinares de cada trabalhador na empresa. Com o advento do novo Sistema de Controle eSocial (Ato Declaratório nº 5/2013 [DOU 18/07/2013], atualizado pela Resolução do Comitê Gestor nº 5/2016 [DOU 06/09/2016]), as práticas rotineiras do Departamento de Pessoal (DP) passaram por mudanças de ordem tecnológicas, atendendo aos novos requisitos técnicos dos entes participantes (Ministério do Trabalho e da Previdência Social, Ministério da Fazenda e Caixa Econômica Federal), desde a implantação e o processamento até o envio e a recepção dos arquivos gerados on-line (web).

> **Relações trabalhistas e sindicais:** interage nas negociações trabalhistas e sindicais, acordos e convenções coletivas de trabalho e outros reflexos da relação de emprego.

> **Treinamento:** responsável pela prática de acordo com a Norma Brasileira ISO 10015 – Diretrizes para Treinamento, nas etapas: definição das necessidades, projeto e planejamento, execução, avaliação dos resultados e monitoração de treinamento.

> **Desenvolvimento de carreira:** auxilia os gestores na elaboração de planos estratégicos orientados para o crescimento pessoal em direção à carreira futura e não ao cargo atual. Os métodos mais utilizados são: participação em

eventos, *job rotation* (rotação de cargos ou tarefas), *coaching, mentoring,* educação continuada, educação corporativa, entre outros planos.

> **Segurança e medicina do trabalho:** procura orientar gestores e demais envolvidos (Serviço Especializado em Engenharia de Segurança e em Medicina do Trabalho – SESMT, Comissão Interna de Prevenção de Acidentes – Cipa) quanto aos aspectos que envolvem as condições encontradas no ambiente de trabalho que podem ser causadoras de acidentes e às ações humanas, conscientes ou inconscientes, que também possam resultar em acidentes, fundamentadas na legislação vigente (Normas Regulamentadoras – NR).

> **Serviço social e benefícios:** orienta os trabalhadores sobre assuntos relacionados aos benefícios oferecidos pela empresa.

> **Serviços gerais:** nas empresas, normalmente interage com a segurança patrimonial, brigada de incêndio, administração do restaurante ou refeitório, ambulatório médico, posto bancário, cantina, jardinagem, limpeza etc.

Segundo Chiavenato (2004), o termo RH ou Gestão de Pessoas pode se referir a:

> **Um departamento:** unidade operacional que presta serviços nas áreas de recrutamento, seleção, treinamento, remuneração, comunicação, higiene, segurança no trabalho, benefícios etc.

> **Uma prática:** refere-se ao modo como as empresas operam as atividades de descrever cargos, recrutar, selecionar, treinar, remunerar, motivar, avaliar, entre outras.

> **Uma profissão:** engloba os profissionais que trabalham diretamente com Recursos Humanos, como selecionadores, treinadores, administradores de salários, engenheiros de segurança, médicos do trabalho etc.

Pode-se dizer que o conhecimento da administração de Recursos Humanos é fundamental para qualquer profissional. A maioria das empresas transfere ao gestor a responsabilidade de contratação, a avaliação de desempenho, a promoção, a demissão de seus subordinados e tantos outros assuntos em conjunto com a área de RH.

✓ Administração Tradicional de Recursos Humanos

A administração de Recursos Humanos envolve a relação entre capital e trabalho.

Na administração tradicional, o que imperou durante muitos anos foi o chamado emprego formal, aquele em que a pessoa tinha registro em carteira profissional e obedecia com rigor à Consolidação das Leis do Trabalho (CLT), convenções e acordos coletivos estabelecidos pelos sindicatos – organizações formadas por trabalhadores ou patrões, reconhecidas por lei, que têm por finalidade promover e proteger os interesses deles.

O quadro que vemos no momento é a queda do emprego formal e o aumento do número de novas contratações por meio de outras modalidades de contratos (cooperados, terceirizados, autônomos etc.), assuntos discutidos em capítulo específico. Embora muitos aspectos tenham mudado, é essencial conhecer, nos diversos ramos de atividades, as leis que regem os procedimentos da área de Recursos Humanos.

Para melhor compreensão da Gestão de Pessoas, faz-se necessário um breve histórico de sua trajetória.

Evolução da Gestão de Recursos Humanos

Segundo Marras (2002, p. 26)[2], podemos destacar cinco fases na evolução do perfil profissional de RH:

> ➤ **1ª fase:** ocorreu antes de 1930 e é conhecida como fase contábil. Período em que a base era industrial, porém, segundo Gil (1994, p. 22), 80% da população concentrava-se na área rural. Em decorrência disso, o poder de pressão do proletariado era muito fraco e não havia legislação que disciplinasse as relações entre trabalho e capital. A função de Gestão de Pessoas era inexistente. Embora o poder do proletariado fosse fraco, a presença de trabalhadores europeus levava à agitação trabalhista. São Paulo e Rio de Janeiro contaram com 28 greves nas três primeiras décadas do século XX. Durante esse período, a preocupação estava no controle de frequência e faltas, pagamentos, admissão e demissão de pessoal.

> ➤ **2ª fase:** de 1930 a 1950, conhecida como fase legal. Surgiu a preocupação com o aspecto legal. Getúlio Vargas assumiu o poder e criou o Ministério do Trabalho, Indústria e Comércio e o Departamento Nacional de Trabalho. Em 1943, surgiram a CLT e a reformulação da carteira profissional.[3]

---

2 Marra baseou-se na pesquisa realizada pela professora Maria de Gonzaga Lima e Silva Tose, em 1997. A autora apresentou sua pesquisa na dissertação de mestrado intitulada *A evolução da gestão de Recursos Humanos no Brasil*, defendida em 1997 na Faculdade de Economia, Administração, Contábeis e Atuariais da Pontifícia Universidade Católica de São Paulo (FEA-PUC).

3 A Carteira de Trabalho e Previdência Social (CTPS) foi instituída pelo Decreto nº 22.035, de 29 de outubro de 1932, e posteriormente reformulada pelo Decreto-lei nº 5.452, de 1º de maio de 1943, que aprovou a Consolidação das Leis do Trabalho (CLT).

Com a formação de leis para disciplinar capital e trabalho e estrutura jurídica para mediar conflitos, as empresas foram pressionadas para estruturar a Gestão de Pessoas. Apareceram a Seção de Pessoal e o Chefe de Pessoal. Segundo Marras (2002, p. 29), "até os anos 1950 o responsável pela área de pessoal era preferencialmente um advogado: em geral, um profissional metódico, seguidor ferrenho das leis e pouco afeito aos meandros do *business* ou dos detalhes psicossociais dos trabalhadores".

Foi um período marcado pelo início da gestão burocrática e legalista de pessoas. Infelizmente, até hoje, para algumas empresas, Gestão de Pessoas significa atender às exigências da lei.

> **3ª fase:** de 1950 a 1965, conhecida como fase tecnicista. Com a entrada massiva das multinacionais no País, as indústrias automobilísticas iniciaram a implantação do modelo norte-americano de Gestão de Pessoas. Foi criado o Departamento de Relações Industriais e apareceu a figura do gerente de Relações Industriais (GRI), e, embora a maioria das empresas aproveite o antigo chefe de pessoal, pode-se observar algumas modificações na qualidade das relações entre capital e trabalho. Segundo Marras (2002, p. 26), "foi nessa fase que a área de RH passou a operacionalizar serviços como os de treinamento, recrutamento e seleção, cargos e salários, higiene e segurança no trabalho, benefícios e outros".

Adaptado de The Photographer/Wikimedia Commons

Marras salienta ainda que foi nessa fase que surgiu verdadeiramente o administrador de pessoal, pois as organizações passaram a exigir para as funções de GRI pessoas com currículos mais amplos e com leve visão humanista.

> **4ª fase:** de 1965 a 1985, conhecida como fase administrativa. Foi um período em que as relações de trabalho foram tensas. Embora tenha sido o período da ditadura militar, havia um movimento sindical denominado "novo sindicalismo", em que apareceu a figura do gerente de Recursos Humanos (GRH). Ao mesmo tempo em que se deu importância ao administrador de empresas para o cargo, houve retrocesso em relação à fase legalista. Dados os movimentos sindicais, muitas empresas preferiram trocar profissionais de administração por profissionais de formação jurídica.

Aceleraram-se as mudanças tecnológicas, alterando a forma de gerenciar pessoas. A tecnologia de produção passou a exigir habilidades específicas. Nos escritórios, muitas funções passaram a ser desenvolvidas por máquinas, com maior eficiência e economia. O microcomputador começou a fazer parte da vida do executivo e a aparecer nas fábricas.

Surgiram novas teorias e técnicas gerenciais: gestão participativa, planejamento estratégico, controle de qualidade total, entre outras, que refletiram, mais adiante, na maneira de gerenciar pessoas.

> **5ª fase:** de 1985 até nossos dias, conhecida como fase estratégica.

Na década de 1990, durante o governo Fernando Collor, os níveis de empregos e salários baixaram sensivelmente, e elevou-se o número de falências e concordatas. Para sobreviver à crise, as empresas utilizaram como estratégia o "enxugamento" de seus organogramas, diminuindo a quantidade de nível hierárquico e atribuindo algumas de suas funções a terceiros.

> A fase estratégica foi demarcada operacionalmente, segundo Albuquerque (1988), pela introdução dos primeiros programas de planejamento estratégico atrelados ao planejamento estratégico central das organizações. Foi, assim, nessa fase que se registraram as primeiras preocupações de longo prazo, por parte do *board* das empresas, com os seus trabalhadores. Iniciou-se nova alavancagem organizacional do cargo de GRH, que, de posição gerencial, de terceiro escalão, em nível ainda tático, passou a ser reconhecido como diretoria, em nível estratégico nas organizações. (MARRAS, 2011, p. 12)

Foi no fim da década de 1990 que a ideia de Gestão de Pessoas, diferenciada por alguns autores da ideia da Administração de Recursos Humanos, começou a ter forma.

A ideia da Gestão de Pessoas é que a relação entre empresa/empregados repercute nos resultados obtidos pela empresa, portanto, a relevância agora é o fator humano. A proposta é de uma administração menos rígida, organogramas mais flexíveis, escritórios sem divisórias, empregados estimulados a tomar decisões e a avaliar os supervisores, ênfase do diálogo entre empregador/empregado na resolução de conflitos, entre outras mudanças.

O papel do profissional de RH (e de muitos gestores) no fim da década de 1990 passou a ser o de um consultor especializado dentro da empresa, possuidor de uma visão generalista, que atuava em parceria, que lidava com assuntos estratégicos relacionados com pessoas, que se preocupava em atualizar-se, que promovia ações voltadas ao desenvolvimento de pessoal e à motivação de pessoal e que buscava por resultados.

São poucas, ainda, as empresas que trabalham com a ideia de Gestão de Pessoas. Boa parte delas ainda mantém padrões autoritários no trato com seus empregados, e muitas valorizam, por exemplo, finanças e marketing em detrimento dos Recursos Humanos. Porém, vale lembrar que são as pessoas que fazem a diferença nas empresas.

O início deste século foi marcado pelo rápido avanço tecnológico. Segundo Banov (2015, p. 8) surgem os relacionamentos não presenciais influenciando significativamente o comportamento humano. O teletrabalho[4] cresce a cada dia, criando novas formas de se relacionar com o trabalho. Tecnologias como celulares permitem gravar, filmar e fotografar em qualquer lugar, inclusive na empresa, podendo comprometer sua imagem. Embora não exista uma legislação que discipline o uso de tais dispositivos, a área de recursos humanos deve, por meio do Regimento Interno, criar normas disciplinares para o uso de celulares e outros dispositivos móveis, sejam eles trazidos pelos funcionários ou cedidos pela própria empresa.

✓ Administração Estratégica de Recursos Humanos

Na Era Industrial, a preocupação das empresas e dos administradores era com a posição que cada trabalhador ocupava no organograma, valorizando suas limitações e focando no aperfeiçoamento individual por meio de processos cada vez mais mecânicos, em que a qualidade e a produtividade eram

---

4 Trabalho realizado a distância (fora do ambiente físico da empresa) por meio de tecnologia da informação e telefonia.

sinônimos de competência e habilidade, condições básicas ao desenvolvimento profissional.

O fato é que, em geral, as empresas desconheciam a existência dos pontos fortes desses trabalhadores, o que poderia compensar as limitações individuais e as do grupo, pois o tradicional modelo hierárquico, autoritário e de comunicação descendente, dificultava a identificação dessas oportunidades, enfraquecendo o poder de decisão do grupo.

Sem autonomia e autoridade, as pessoas se desmotivavam a procurar caminhos que acompanhassem a evolução das mudanças provocadas pelo mercado competitivo, o que mostra ao mundo empresarial que as empresas modernas devem planejar e se organizar com base nas pessoas, para que elas se sintam comprometidas e motivadas a levar adiante o planejamento estratégico organizacional.

As empresas conscientes sabem que precisam deixar as práticas de comando exagerado, os controles inócuos, as hierarquias contraditórias e a burocracia para conquistarem posições de destaque no mundo corporativo e a confiança da força de trabalho, reconhecida por meio da comunicação contínua de suas expectativas, até o momento em que eles as incorporem como próprias. Pela coerência da comunicação é que se fortalecerá a credibilidade da empresa perante as pessoas, e o resultado é a já conhecida fórmula da motivação.

A motivação das pessoas resiste a qualquer mudança, desde que a empresa incorpore essa filosofia de compartilhar seus valores e suas expectativas, visto que somente com a união de forças empreendedoras da própria empresa, sua força de trabalho e dos clientes bem-atendidos é que a organização encontrará as respostas às dúvidas do mundo globalizado. As empresas devem traduzir seus grandes objetivos em ações claras e sistematizadas, pois as pessoas não saberão iniciar uma ação sem ter conhecimento sobre a importância do objetivo traçado.

A pluralidade de fatores e de sistemas gerenciais deve ter impacto sobre a pessoa e sobre a equipe. As condições físicas, os processos de trabalho, as habilidades, competências e comportamentos das pessoas não determinam somente o desempenho organizacional. A área de Recursos Humanos atua nesse cenário como instrumento de avaliação do desempenho individual e grupal, analisando também o que as pessoas pensam, aprendem e como se relacionam, abordando a eficiência, as limitações, a proatividade, a desmotivação e o estado das pessoas no posto de trabalho. Ou seja, a área de RH, que congrega informações de âmbito pessoal, profissional e disciplinar de todos os funcionários, é um forte aliado dos gestores no gerenciamento interno da força de trabalho.

Konstantin Chagin/Shutterstock

O objetivo da área de Recursos Humanos é avaliar o grupo de trabalho como fator de sustentação dos objetivos organizacionais e o indivíduo como parceiro importante dessa engrenagem do processo produtivo e social. O progresso do planejamento estratégico da área de RH depende da capacidade de as pessoas mostrarem iniciativa diante dos desafios encontrados, estarem conscientes de suas responsabilidades profissionais, desenvolverem habilidades à realização de suas tarefas e procurarem manter o otimismo na construção de uma empresa de futuro.

Tanto na abordagem tradicional da administração de pessoas quanto na abordagem moderna, a avaliação de desempenho é um importante instrumento de decisão estratégica. Porém, para reconhecer êxitos e falhas das pessoas e do processo produtivo, características da administração tradicional, é necessário criar indicadores de desempenho que comparem momentos diferentes de comportamentos e tarefas, o que parece ser uma abordagem com maior fundamento administrativo, que valoriza uma avaliação com dimensões maiores, possibilitando a construção de uma gestão das relações capital × trabalho e um melhor desempenho coletivo.

O Ambiente Organizacional

Quando as pessoas percebem que seu trabalho é reconhecido, tornam-se mais produtivas e engajadas nos objetivos da empresa. O ambiente corporativo deve prover condições para que esse reconhecimento seja entendido como uma necessidade organizacional, criando um clima favorável para a formulação de

estratégias internas orientadas para o cliente externo, fator crítico do sucesso em uma época de grandes desafios pela conquista do consumidor.

Com a grande diversidade de produtos no mercado, o consumidor tornou-se mais exigente, formando um novo ambiente, que vem exigindo das empresas uma nova postura estratégica, mais dinâmica, mais agressiva e com alto senso de adaptação às novas demandas. O organograma repleto de cargos e níveis hierárquicos vem se modificando nos últimos anos; a distância entre os postos de trabalho e a direção das empresas vem diminuindo, e as decisões não estão mais centralizadas, pois, para sobreviver, é necessário flexibilidade, agilidade e dinamismo; a burocracia já não merece mais guarida nas empresas.

Da mesma forma, para mudar e inovar, também é indispensável que as pessoas entendam que precisam acompanhar o processo, sejam dinâmicas e estejam adaptadas ao novo cenário empresarial. A empregabilidade já ocupa espaço na mente das pessoas, que devem buscar aperfeiçoar-se frequentemente, sob pena de não conseguirem manter suas posições nas empresas.

Não há dúvidas de que alcançar o sucesso dos negócios depende do ambiente proporcionado pela empresa à força de trabalho, pois quando o trabalhador é reconhecido transforma-se em um "sócio" interessado em que "sua" empresa alcance a rentabilidade desejada, influenciando positivamente o desempenho coletivo.

A área de Recursos Humanos se esforça para desenvolver políticas que reflitam no comportamento e na produtividade dos trabalhadores e que acompanhem a cultura da empresa, assumindo responsabilidades pela consecução dos negócios por meio de equipes promissoras, competitivas e inovadoras. Estimular o desenvolvimento de carreira torna a empresa viável e permite a retenção das pessoas em longo prazo.

A Criatividade e o Potencial Humano

A criatividade é um dos aspectos importantes que deve ser observado nas empresas. Essa manifestação é entendida como a vontade do ser humano em procurar algo que faça a diferença entre um padrão, ou seja, a produção de ideias que melhorem determinada situação – "o novo".

O crescimento e a evolução das empresas só serão possíveis nesse contexto atual no momento em que elas abrirem espaço para essa manifestação, concedendo oportunidade para que as pessoas participem do processo de trabalho, sugerindo melhorias e incentivando a iniciativa no ambiente profissional. Empresas inteligentes são aquelas que fomentam e exploram a liberdade de pensamento e de ação entre os seus trabalhadores.

A criatividade melhora o cotidiano ao dar a oportunidade de criar hábitos saudáveis para o ambiente organizacional, e, ao ser transferido como melhoria contínua para a empresa, desenvolve as potencialidades das pessoas. A criatividade revitaliza e estimula a ousadia das pessoas, fato que é percebido pela equipe, e que se estende para os clientes. Se a empresa não possuir pessoas que pensem, criem e agreguem valor ao seu trabalho, será mais difícil alcançar competitividade.

Sergey Nivens/Shutterstock

Em uma época em que ser excelente é uma questão de sobrevivência nos negócios, é muito importante lembrar que, por trás das ideias inovadoras que vêm surgindo no mundo empresarial, existem muito mais do que estratégias e potencialidades individuais. Análise das situações, estudo das possibilidades, escolhas de caminhos e a capacidade de implementação são fatores essenciais para o sucesso dessas novas soluções. Existem empresas que possuem talentos para empreender; todavia, muitos trabalhos podem ser melhorados e poupados no tempo certo se o acesso às metodologias e aos instrumentos adequados ocorrer no momento oportuno.

As habilidades da área de Recursos Humanos em saber ouvir, saber captar dados e transformá-los em informações importantes, ser organizada, saber liderar e trabalhar em equipe e possuir *know-how* técnico em sua área de atuação fazem dela uma área de criação, desenvolvimento e gerenciamento de uma nova empresa, uma empresa com gestão estratégica de Recursos Humanos.

O papel da área deixa de ser reativo às mudanças e passa a se configurar em uma atividade consultiva, de apoio aos gestores de todos os níveis, com subsistemas racionais e dinâmicos (cargos, salários, recrutamento, seleção, Departamento de Pessoal, sistema de informação de recursos humanos, avaliação de desempenho, treinamento, desenvolvimento de carreira, medicina e segurança do trabalho). Adota-se, assim, uma postura caracterizada pela visão de longo prazo de todos esses subsistemas, analisando a empresa, as pessoas e o trabalho, com responsabilidades adicionais de fomentar as decisões dos gestores por meio de informações sistematizadas e programas de incentivo que influenciem as pessoas a desempenharem suas atividades com mais interesse.

Não se trata de mudar as atividades do cargo ou suprimi-las, mas incorporar aos controles administrativos uma nova forma de pensar e agir estrategicamente, para que se possa enfrentar os desafios do mundo globalizado e incerto. São novas responsabilidades que enriquecem a área e se aproximam ainda mais das necessidades dos gestores, uma prestação de serviços mais direcionada e comprometida com o planejamento estratégico.

O esforço concentrado na conscientização das pessoas sobre seu valor no contexto empresarial representa uma oportunidade de transição entre a figura tradicional do colaborador, submisso às normas da empresa, e a figura do talento, do capital intelectual, do capital humano, do ativo intangível ou outra designação que demonstre a real importância dessas pessoas para o patrimônio.

Tabela 1.1

Novas abordagens dos processos da gestão estratégica de Recursos Humanos

Operacional	Estratégico
Cargos e salários: ➤ descrição e análise de cargos; ➤ pesquisa salarial.	Gestão de competências: ➤ inventário das competências; ➤ mapeamento das competências; ➤ plano de cargos e salários; ➤ plano de carreira; ➤ plano de sucessão.
Recrutamento: ➤ definição das fontes (interno, externo); ➤ definição dos meios de comunicação; ➤ análise de custo × benefício.	Recrutamento estratégico por competências: ➤ troca de currículos nos grupos de RH; ➤ parcerias com sindicatos; ➤ criação de banco de dados (potenciais candidatos para vagas futuras).
Seleção: ➤ decisão das técnicas; ➤ análise de custo × benefício.	Seleção estratégica por competências: ➤ atualização das técnicas de entrevistas, testes e dinâmicas de acordo com a característica de cada cargo; ➤ criação de banco de dados (armazenar informações para contratações futuras).
Departamento de Pessoal: ➤ controle das ações legais; ➤ execução dos cálculos e recolhimentos (folha de pagamento, 13º salário, férias, rescisão e encargos etc.).	Sistema de controle eSocial: ➤ garantia dos direitos trabalhistas; ➤ processos simplificados (redução da burocracia); ➤ transparência fiscal; ➤ redução dos afastamentos (acidentes e doenças ocupacionais).

Operacional	Estratégico
	Sistema de Informações Gerenciais (SIG): ➤ relatórios (evolução das competências, controle disciplinar, absenteísmo, rotatividade, custos e provisões da folha de pagamento, provisões etc.); ➤ evolução do desempenho individual; ➤ sistema de comunicação com os colaboradores; ➤ criação de banco de dados (histórico pessoal, profissional e disciplinar).
Avaliação de desempenho: ➤ controle do contrato de experiência; ➤ elaboração do instrumento de avaliação individual em conjunto com o gestor; ➤ atualização do prontuário do colaborador.	Gestão do desempenho: ➤ discussão de novas metodologias e instrumentos de avaliação do desempenho individual e coletivo, conforme as características de cada cargo.
Treinamento e desenvolvimento de carreira: ➤ suporte e apoio à prática (captação de instrutor; apoio prévio, durante e após o treinamento; aplicação de pesquisa de reação); ➤ atualização do prontuário do colaborador.	Desenvolvimento de pessoas e carreira: ➤ discussão do objetivo das práticas de treinamento (exemplo: NBR ISO 10015); ➤ conscientização das pessoas sobre a importância do treinamento (comunicação, suporte, *feedback*); ➤ estimular o desenvolvimento de novas aptidões (gestão de competências); ➤ criação de banco de dados (evolução das práticas de treinamento).
Medicina e segurança do trabalho: ➤ controle da legislação – Normas Regulamentadoras (NR); ➤ controle das providências legais (acidentes, doenças ocupacionais, PPP etc.).	Sistema de controle eSocial: ➤ monitoração da saúde do trabalhador; ➤ análise dos ambientes de trabalho; ➤ análise das condições ambientais do trabalho – fatores de risco. Gestão da qualidade de vida no trabalho: ➤ discussão ampla sobre investimentos em programas de segurança, qualidade de vida e saúde ocupacional; ➤ análise e planejamento das melhorias no ambiente de trabalho.

Sistema de Controle eSocial

Corroborando com as novas abordagens da gestão de Recursos Humanos, a implementação do projeto eSocial se destaca como um novo sistema de controle das obrigações trabalhistas, previdenciárias e tributárias dos diversos contribuintes em todo o território nacional, passando a integrar o Sistema Público de Escrituração Digital (Sped), que desde 2007 incorpora o avanço na informatização de dados entre o fisco e os contribuintes.

De modo geral, o eSocial consiste na modernização da sistemática atual de cumprimento das obrigações quanto aos aspectos da administração contratual dos empregados (previdenciário), incluindo as obrigações de controle da saúde e segurança e de fiscalização tributária (Imposto de Renda Retido na Fonte – IRRF).

Trata-se de um esforço conjunto das administrações tributárias (Ministério do Trabalho, da Previdência Social e da Fazenda) e dos órgãos fiscalizadores para aumentar a eficácia e a efetividade dos controles, unificando o envio de informações da relação entre empregadores e empregados constituídos.

Importante destacar que o eSocial, aprovado pelo Ato Declaratório Executivo nº 5/13 (DOU 18/07/2013), aguarda regulamentação definitiva dos órgãos representativos (Secretaria da Receita Federal do Brasil, Ministério do Trabalho e da Previdência Social, e do Comitê Gestor da Caixa Econômica Federal) quanto ao cronograma de implantação para os empregadores, com exceção dos empregadores domésticos, que teve seu início efetivo em 31 de outubro de 2015.

Legislação

> O **Decreto nº 6.022/2007** faz parte do Programa de Aceleração do Crescimento (PAC 2007-2010) do Governo Federal.
> A **Constituição Federal de 1988**, **art. 37**, **XXII** determina que "as administrações tributárias da União, dos Estados, do Distrito Federal e dos Municípios [...] atuarão de forma integrada, inclusive com o compartilhamento de cadastros e de informações fiscais [...]".
> A **Lei nº 8.212/91**, em seu **art. 32**, diz que a empresa é também obrigada a:

> > I – preparar folhas de pagamento das remunerações pagas ou creditadas a todos os segurados a seu serviço, de acordo com os padrões e normas estabelecidos pelo órgão competente da Seguridade Social;
> > III – prestar à Secretaria da Receita Federal do Brasil todas as informações cadastrais, financeiras e contábeis de seu interesse, na forma por ela estabelecida, bem como os esclarecimentos necessários à fiscalização (redação dada pela lei nº 11.941/09);
> > IV – declarar à Secretaria da Receita Federal do Brasil e ao Conselho Curador do Fundo de Garantia do Tempo de Serviço (FGTS), na forma, prazo e condições estabelecidas por esses órgãos, dados relacionados a fatos geradores, base de cálculo e valores devidos da contribuição previdenciária e outras informações [...].

> O **Ato Declaratório Executivo nº 5/13** (DOU 18/07/2013) aprova e divulga o leiaute do eSocial, versão 1.0.
> O **Decreto nº 8.373/14** (DOU 12/12/2014) institui o Sistema de Escrituração Digital das Obrigações Fiscais, Previdenciárias e Trabalhistas (eSocial) e dá outras providências.
> A **Circular Caixa nº 642/14** (DOU 07/01/2014) aprova e divulga o leiaute do eSocial, versão 1.1.

- A **Circular Caixa nº 657/14** (DOU 05/06/2014) aprova e divulga o leiaute do Sistema de Escrituração Digital das Obrigações Fiscais, Previdenciárias e Trabalhistas eSocial, <u>versão 1.1</u> (revoga a Circular 642/2014).
- A **Resolução do Comitê Gestor nº 001/15** (DOU 24/02/2015) aprova a <u>versão 2.0</u> do Manual de Orientações do eSocial (MOS).
- A **Circular Caixa nº 673/15** (DOU 27/02/2015) aprova e divulga o Manual de Orientações do Sistema de Escrituração Digital das Obrigações Fiscais, Previdenciárias e Trabalhistas – eSocial versão 2.0 (revoga a Circular 657/2014).
- A **Resolução do Comitê Gestor nº 002/2015** (DOU 07/07/2015) aprova a <u>versão 2.1</u> do Manual de Orientação do eSocial (MOS).
- A **Resolução do Comitê Gestor nº 5/2016** (DOU 06/09/2016) aprova a <u>versão 2.2</u> do leiaute do eSocial.

Objetivos

a. **Promover a integração dos fiscos**, mediante a padronização e o compartilhamento das informações contábeis e fiscais, respeitadas as restrições legais.

b. **Racionalizar e uniformizar as obrigações acessórias para os contribuintes**, com o estabelecimento de transmissão única de distintas obrigações de diferentes órgãos fiscalizadores.

c. **Tornar mais célere a identificação de ilícitos tributários**, com a melhoria do controle dos processos, a rapidez no acesso às informações e a fiscalização mais efetiva das operações com o cruzamento de dados e auditoria eletrônica.

Vantagens do eSocial

Incorporado ao Sped, o eSocial busca eliminar a informalidade quanto às obrigações trabalhistas, previdenciárias e fiscais entre empregadores e empregados constituídos.

Aumenta a qualidade e a confiabilidade das informações prestadas, pois o sistema obriga as empresas a validarem os arquivos gerados durante o processo.

O sistema de controle das obrigações eSocial incorpora a fiscalização a distância (on-line), acelerando o processo de verificação das inconsistências geradas mês a mês e o respectivo aumento da arrecadação.

A gestão do negócio passa a requerer o envolvimento mais efetivo das áreas quanto aos aspectos de saúde e segurança do trabalho dos ambientes e dos empregados.

Participantes do eSocial

> **Receita Federal do Brasil:** responsável pela arrecadação, cobrança, normatização e fiscalização.
> **Ministério do Trabalho e da Previdência Social:** responsável pelos direitos trabalhistas, estatísticas, políticas públicas e concessão de benefícios.
> **Comitê Gestor da Caixa Econômica Federal:** responsável pela arrecadação, cobrança e gestão pública.

Principais Mudanças

> Viabiliza a garantia dos direitos previdenciários e trabalhistas aos trabalhadores.
> Aprimora a qualidade das informações das relações de trabalho, previdenciárias e fiscais entre empregadores e empregados constituídos.
> Simplifica e substitui o cumprimento de obrigações acessórias:
>   • Livro de Registro de Empregados.
>   • Folha de Pagamento.
>   • Guia da Previdência Social (GPS).
>   • Guia de Recolhimento do FGTS e de Informações à Previdência (GFIP).
>   • Relação Anual de Informações Sociais (Rais).
>   • Cadastro Geral de Empregados e Desempregados (Caged).
>   • Declaração do Imposto de Renda Retido na Fonte (Dirf).
>   • Comunicação de Acidente de Trabalho (CAT).
>   • Perfil Profissiográfico Previdenciário (PPP).
>   • Manual Normativo de Arquivos Digitais (Manad).
>   • Termo de Rescisão do Contrato de Trabalho.
>   • Formulário do Seguro-Desemprego.

Aspectos Técnicos

O Sistema de Controle eSocial exige das empresas a utilização da tecnologia para o cumprimento das obrigações trabalhistas, previdenciárias e fiscais da folha onerosa.

É necessário atender aos requisitos técnicos de acordo com o Manual de Orientação eSocial (MOS), desde a implantação, processamento, envio e recepção dos arquivos gerados on-line (web).

Procedimentos Técnicos

Empregador

> Geração de informações e arquivos pelo sistema próprio ou pelo Ambiente Nacional do eSocial (on-line).

> Conferência das inconsistências e transmissão das informações para o Ambiente Nacional do eSocial com assinatura digital (Certificado ICP – Brasil: A1 ou A3 – a (PF e PJ) que garante a integridade e a autoria do emissor.
> Poderão utilizar código de acesso: empresas optantes pelo Simples Nacional, pequeno produtor rural e Contribuinte Individual (CI), equiparado à empresa, todos com até sete empregados, e o microempreendedor individual (MEI).
> No caso de empregador doméstico, serão aceitas as procurações emitidas pela Caixa, por meio da Conectividade Social, e pela Receita Federal do Brasil (RFB). Será permitido ao outorgante repassar os poderes para transmissão de eventos eSocial para um CNPJ ou CPF. O outorgado, ao receber tais poderes, poderá enviar todos os eventos do eSocial.

Ambiente Nacional do eSocial

> **Recebimento e validação das informações e arquivos gerados pela empresa**.

> **Retorna com mensagem de orientação para a empresa:** protocolo e recibo de envio ou mensagem de erro.

> **Compartilhamento das informações entre as administrações tributárias:** Receita Federal do Brasil, Ministério do Trabalho e da Previdência Social e Comitê Gestor da Caixa Econômica Federal.

Estrutura do Ambiente Nacional do eSocial

A estrutura do eSocial é composta por Eventos Iniciais e Tabelas, Eventos Periódicos e Eventos Não Periódicos.

> **Eventos iniciais:** identificam o empregador/contribuinte, contendo dados básicos de sua classificação fiscal e estrutura administrativa.

> **Eventos de tabela:** montam as tabelas do empregador, responsáveis por uma série de informações que validarão os eventos periódicos e não periódicos.

> **Eventos periódicos:** são eventos que têm periodicidade previamente definida para a sua ocorrência (por exemplo: folha de pagamento, retenção de

Instituto Nacional do Seguro Social [INSS], Imposto de Renda Retido na Fonte [IRRF] etc.).

➤ **Eventos não periódicos:** são eventos que não têm uma data pré-fixada para ocorrer (por exemplo: admissão, alteração de salário, afastamentos, desligamento etc.)

Geração das Informações

A seguir é apresentada a sequência para a geração das informações ou arquivos do empregador exigidos pelo Sistema de Controle eSocial, sob pena de comprometer a validação no sistema da RFB:

1. Qualificação do empregador (inicial).
2. Cadastramento dos eventos de tabelas.
3. Cadastramento inicial dos vínculos empregatícios.
4. Cadastramento dos eventos não periódicos.
5. Cadastramento dos eventos periódicos.
6. Validação dos arquivos gerados pelo empregador pela Receita Federal do Brasil (RFB).

Atividades Afetadas no Processo do eSocial

No processo de implantação do eSocial, algumas atividades são afetadas em virtude da informatização e pela natureza das obrigações. Cabe lembrar que a finalidade do sistema é eliminar a informalidade e aumentar a velocidade com que as informações trabalhistas, previdenciárias e fiscais são geradas nas empresas.

➤ **Eventos trabalhistas:** admissão, afastamentos temporários, comunicação de aviso-prévio, Comunicação de Acidente de Trabalho (CAT), Atestado de Saúde Ocupacional (ASO), entre outros.
➤ **Folha de Pagamento (web).**
➤ **Retenções de contribuição previdenciária (condições ambientais).**

Os empregadores também passaram a enfrentar desafios e repercussões na Gestão do Negócio:

➤ **Gestão de Riscos Ambientais:** informação eletrônica sobre condições e riscos ambientais, informações do ASO e o trabalho em condições especiais.
➤ **Gestão de Processos:** revisão de processos e rotinas, integração da comunicação entre as áreas da empresa e plano de ação para eliminar os riscos legais e operacionais.

> **Gestão de Pessoas:** definição das responsabilidades e papéis para atender ao fluxo de informações, além dos pagamentos de tributos em diferentes formas de contratação de pessoas.

> **Fiscalização:** disponibilização eletrônica dos registros da empresa e da folha de pagamento, facilitando a identificação de possíveis infrações.

> **Gestão Previdenciária:** monitoramento das rotinas de afastamentos e reflexos no Fundo de Garantia por Tempo de Serviço/Fator Acidentário de Prevenção (FGTS/FAP).

Diante de cenários trabalhistas e previdenciários extremamente obscuros em termos de burocracias e déficits nas arrecadações, o eSocial se destaca como um sistema tecnológico racional e interativo das diversas informações da folha onerosa das empresas, que viabiliza profunda revisão de rotinas e de processos internos pelos gestores da organização, não obstante aos aspectos de Monitoração da Saúde dos Trabalhadores.

✓ Estudo de Caso

Olavo e Janeth, médicos com especialidades diferentes, juntaram-se para formar uma sociedade. Como profissionais liberais, eles conduziam seus consultórios com o auxílio de secretárias que atendiam ao público e administravam outras atividades burocráticas.

Eles resolveram mudar-se para uma clínica bem maior, e a administração passou a ser compartilhada entre as secretárias. Essa mudança trouxe reflexos na relação entre elas, pois a forma de tratamento de um médico era totalmente diferente da do outro.

Enquanto um era rígido, controlador e conferia tudo o que a secretária fazia, o outro era conciliador e administrava de forma participativa, ouvindo sua secretária em todos os aspectos de melhoria do consultório.

Apresente uma proposta visando à reorganização do trabalho na nova empresa, em que o fator crítico é a maneira de administrar.

✓ Exercícios

1. Compare a evolução da legislação trabalhista, previdenciária e tributária brasileira com a evolução da gestão de Recursos Humanos.
2. A quinta fase da evolução da gestão de recursos humanos se concretizou? Por quê?

3. Qual é a relação entre ambiente organizacional e vantagem competitiva?

4. Em quais aspectos estratégicos a área de Recursos Humanos mais se envolveu a partir da década de 1990?

5. Quais são os componentes necessários para o desenvolvimento da criatividade no ambiente de trabalho?

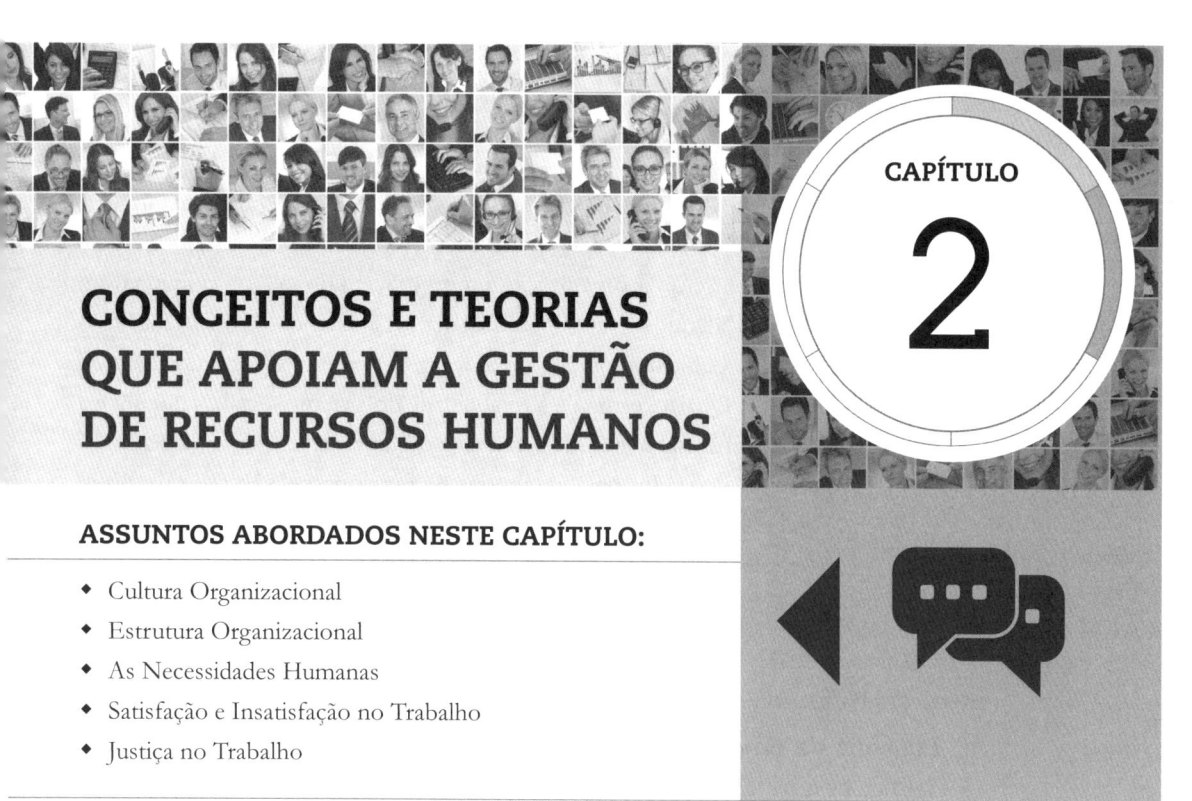

CONCEITOS E TEORIAS QUE APOIAM A GESTÃO DE RECURSOS HUMANOS

ASSUNTOS ABORDADOS NESTE CAPÍTULO:

- Cultura Organizacional
- Estrutura Organizacional
- As Necessidades Humanas
- Satisfação e Insatisfação no Trabalho
- Justiça no Trabalho

Para compreensão da gestão de Recursos Humanos, torna-se pertinente uma passagem pelos conceitos de cultura e estrutura organizacional e pelas teorias das necessidades humanas, da satisfação e insatisfação no trabalho e da justiça no trabalho.

✓ Cultura Organizacional

A cultura de uma organização nasce através das crenças e valores de seus fundadores e, ao longo do tempo, quando estes forem substituídos, poderá ser mantida ou modificada por seus novos dirigentes. Ao interagir com o ambiente externo e utilizando-se daquilo que acreditam, pensam e valorizam, os fundadores ou dirigentes estabelecem, por meio de normas e regras, uma maneira de ser e de se fazer, que vai formando uma identidade reconhecível tanto interna como externamente.

A permanência das pessoas envolvidas no processo é vital para o surgimento de uma identidade. A empresa que muda com frequência seu quadro de pessoal não desenvolve uma cultura e, consequentemente, não cria essa identidade.

A partir de um conjunto de normas, regras, representações e valores, a empresa orienta seus funcionários, mostra como cada integrante deve se comportar e aponta uma maneira de ser e de agir adequada dentro da organização, pois define o envolvimento de seus membros e cria um sistema de interações.

> A cultura desempenha diversas funções dentro de uma organização. Primeiro, ela tem o papel de definidora de fronteiras, ou seja, cria distinções entre uma organização e outra. Segundo, ela proporciona um senso de identidade aos membros da organização. Terceiro, facilita o comprometimento com algo maior do que os interesses individuais de cada um. Quarto, estimula a estabilidade do sistema social. A cultura é a argamassa social que ajuda a manter a organização coesa, fornecendo os padrões adequados para aquilo que os funcionários vão fazer ou dizer. Finalmente, a cultura serve como sinalizador de sentido e mecanismo de controle que orienta e dá forma às atitudes e comportamentos dos funcionários. (ROBBINS, 2002, p. 503)

Os elementos da cultura organizacional, importantes para compreender os Recursos Humanos, são:

a. **Filosofia da empresa:** é a base de toda cultura organizacional. É ela que definirá as normas, os valores, as representações e as crenças da organização, que controlarão o comportamento das pessoas que nela ou para ela trabalham.

b. **Ambiente físico:** vai desde a fachada da empresa até a distribuição da mobília. O ambiente físico é usado para a identificação da empresa e distribuição de *status* (espaço ocupado pelas pessoas, objetos em seu espaço, tipo de mobília = símbolo de *status*. Quanto mais símbolos de *status* cercam a pessoa dentro da organização, mais poder ela possui). As empresas procuram padronizar seu leiaute para facilitar não apenas a identificação pelo cliente, mas também como forma de identificação para seu próprio trabalhador. Além do ambiente físico, dois outros componentes de identificação facilitam o processo de socialização: o uniforme e o crachá.

c. **Cultura:** determina como a organização é estruturada, quem se reporta a quem, qual é o grau de centralização ou descentralização, quais são os mecanismos usados para a integração, como se processam as informações e como são as redes de comunicações formais e informais. São informações preciosas sobre o comportamento da empresa. Quando queremos conhecer uma cultura organizacional, é de extrema importância observar os comportamentos das pessoas e seus fluxos, pois funciona muito mais aquilo que não é falado.

d. **Tecnonímia:** corresponde à técnica de nominação, ou seja, a forma como são nomeados os cargos. Compõe-se de termos como: "funcionário", "trabalhador", "peão", "colaborador", "operário", "supervisor", "chefe de divisão", "superintendente", "diretor", "assessor", "vice-presidente", "patrão", "dono", entre outros. As organizações escolhem seus termos e estabelecem

conteúdos hierárquicos próprios de acordo com sua história. Assim, a palavra "gerente" nem sempre corresponde ao mesmo ponto da estrutura de relações de uma empresa para outra. A tecnonímia pode ser utilizada para denominar, melhorar a imagem do cargo e distribuir *status*. Faz parte dos símbolos de uma organização.

> A tecnonímia provoca mudanças na percepção, por exemplo: o termo "consultor" dá ao receptor (e à própria pessoa que o recebe) a impressão de um *status* mais elevado do que o termo "vendedor" (lembrando que muitas organizações apenas substituíram o termo "vendedor" por "consultor"). (BANOV, 2004, p. 45)

e. **Condução dos grupos:** a cultura determina o modo como as pessoas interagem no grupo, assim como também determina a interação entre os grupos. Por exemplo: os grupos podem ser estimulados ou não a interagirem com outras pessoas, em outras funções ou de outras empresas.

f. Em Recursos Humanos, a cultura determina:

- **O sistema de recompensas:** determinará quais comportamentos dos funcionários serão recompensados; por exemplo, os melhores desempenhos (modelo a ser seguido) receberão uma bonificação atraente.
- **Os critérios utilizados na promoção de pessoal:** uma cultura organizacional pode valorizar a competência e a praticidade, por exemplo; enquanto outras podem considerar aspectos como o currículo, o fato de ser jovem ou velho, ser bajulador etc.
- **Os critérios usados na seleção de pessoal:** quem estabelece os critérios de quem serve ou não para a organização é a própria cultura. Segnini (1989), ao descrever uma das maiores instituições financeiras do País, aponta que, durante o período de 1964 a 1985, essa instituição teve como critério de seleção ser o candidato oriundo de família de baixa renda, mas estruturada; não ter trabalhado em outra instituição financeira; ser jovem e, de preferência, ter uma crença religiosa ou ser proveniente de cidades do interior, perfil compatível com uma instituição autoritária. Trabalhadores de origem familiar de baixa renda tendem a temer a perda de emprego. As pessoas religiosas acreditam em um ser superior, o que favorece o respeito às normas e às hierarquias, e a ausência de experiência anterior naquela área pode revelar a intenção de disciplinar-se e prevenir conflitos.

  Outra instituição financeira de grande porte tem critérios para seleção contrários a esses: dá preferência a pessoas de classe média para cima, que tragam experiências de outras instituições financeiras e que sejam críticas

e questionadoras. O mesmo processo de seleção que aprova uma pessoa em uma organização pode reprová-la em outra.

- **Os critérios usados na demissão de pessoal:** por exemplo, numa determinada empresa de telemarketing os funcionários sabem que o não cumprimento das metas estabelecidas pela empresa por dois meses seguidos acarretará em demissão. Em outra, os funcionários sabem que se não cumprirem as metas deverão fazer novos treinamentos. Nos dois casos, tal procedimento pode não estar nas normas escritas da empresa, mas sim nas normas que não são escritas nem faladas, mas que todos os colaboradores sabem, pois tal procedimento faz parte da cultura.

- **Os critérios estabelecidos na avaliação de desempenho:** uma empresa pode ter uma cultura que valoriza a pontualidade e a dedicação às longas jornadas de trabalho enquanto outra pode valorizar o cumprimento de metas. As duas podem ser do mesmo segmento, mas terão diferentes critérios de avaliação.

- **O tempo de permanência das pessoas na organização:** algumas empresas preferem manter seus empregados por longo tempo, outras os trocam a intervalos menores.

✓ Estrutura Organizacional

Segundo Robbins (2002, p. 401), uma estrutura organizacional define como as tarefas de uma empresa são formalmente divididas, agrupadas e coordenadas. As organizações possuem estruturas diferentes que afetam as atitudes e o comportamento de seus funcionários.

As estruturas podem ser:

- ➤ **Mecanicista:** estrutura rígida e firmemente controlada. É caracterizada pela alta especialização, extensa departamentalização, margens de controle estreitas, alta formalização, rede de informação limitada, pequena participação de membros do baixo escalão na tomada de decisões e comunicação do tipo descendente.

- ➤ **Orgânica:** oposta à mecanicista. Ela se utiliza de equipes para entremear departamentos funcionais e níveis hierárquicos, possui pouca formalização e tem uma rede abrangente de informações. A comunicação é lateral, ascendente e descendente. A tomada de decisões envolve todos os colaboradores.

Observa-se que os elementos que fazem uma estrutura diferenciar-se de outras são a especialização do trabalho, a departamentalização, a cadeia de comando, a amplitude de controle, a centralização, a descentralização e, por fim, a formalização. O arranjo desses elementos determinará o tipo de estrutura e, consequentemente, o trabalho da área de Recursos Humanos.

Figura 2.1

Exemplo de estrutura organizacional.

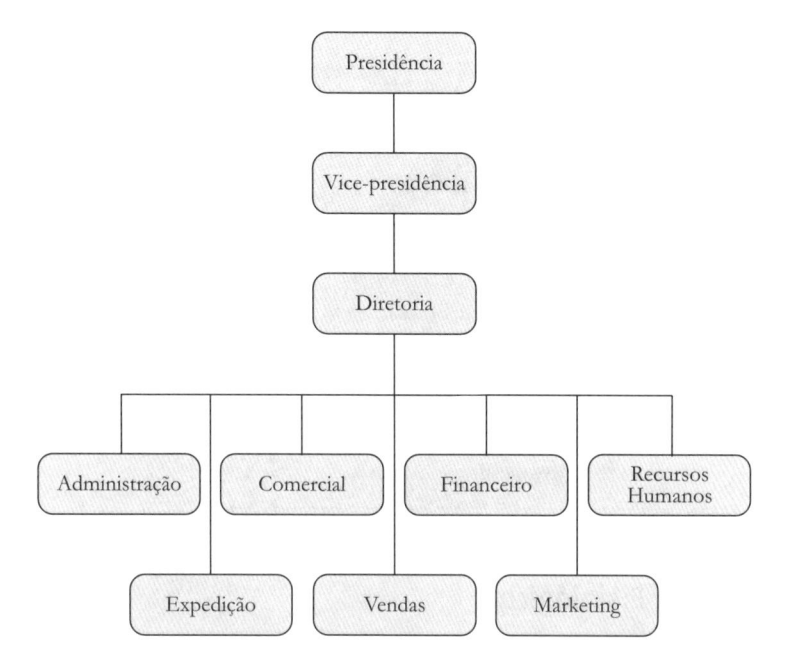

✓ As Necessidades Humanas

As necessidades humanas (BANOV, 2004) devem ser consideradas ao se desenvolver qualquer processo na área de Recursos Humanos. A tradicional Teoria de Abraham Maslow aponta cinco necessidades humanas, estabelecidas em uma pirâmide em ordem de prioridade. Essa teoria mostra como as empresas podem ser mais competitivas e atraentes à melhor mão de obra do mercado se sinalizarem e amenizarem a busca da satisfação das necessidades.

Maslow idealizou uma pirâmide que representa as necessidades, indicadas em uma sequência; aponta uma caminhada em direção ao topo; e, ao mesmo tempo, mostra no tamanho da área de cada necessidade, a importância e a dificuldade de se alcançar o ápice da pirâmide. Para ele, a motivação estaria ligada à busca da

satisfação das necessidades, e acrescenta que só será motivadora uma necessidade que não foi satisfeita.

A Teoria de Maslow aponta que muitas das usuais práticas administrativas de premiar funcionários não trazem resultados porque estão relacionadas a necessidades já satisfeitas. As necessidades, segundo Maslow, vão aparecer na seguinte ordem:

Figura 2.2

Pirâmide de Maslow.

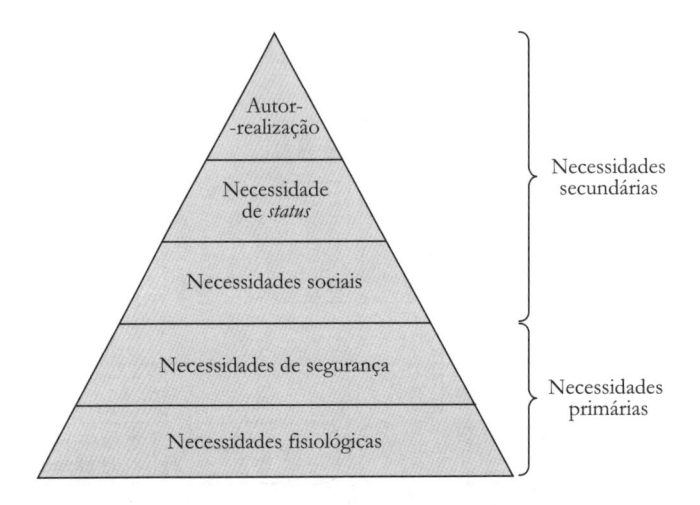

Necessidades Fisiológicas

Na base da pirâmide aparecem as necessidades fisiológicas, como alimentação, sono, repouso, desejo sexual, exercícios físicos, enfim, todas as necessidades que estão ligadas à sobrevivência do indivíduo. Embora seja o nível mais baixo de todas as necessidades, é de vital importância. São necessidades instintivas, que já nascem com cada pessoa.

É importante observar que, em uma sociedade industrializada como a que estamos inseridos, bem ou mal, essas necessidades estão satisfeitas, o que permite à pessoa preocupar-se com a necessidade posterior. Busca-se a satisfação de uma necessidade superior somente quando a necessidade anterior estiver total ou parcialmente suprida. Assim, somente quando as necessidades fisiológicas estiverem satisfeitas e controladas é que se passa para a próxima necessidade, que, na hierarquia de Maslow, é a de segurança, seguida pela social e assim sucessivamente.

Necessidades de Segurança

São as necessidades de segurança física (as pessoas precisam de leis que protejam suas vidas, ter onde morar ou com o que se agasalhar), de segurança psíquica (que faz temer aquilo que não é familiar, a mudança, a instabilidade, a necessidade de ordem e limites) e de segurança profissional (que advém da estabilidade ocupacional, das políticas administrativas previsíveis, clareza nos cargos e na divisão de tarefas).

Em geral, a necessidade de segurança comporta a busca de proteção contra a privação e a ameaça, seja ela real ou imaginária.

Necessidades Sociais

São as necessidades de pertencimento, associação, amizade, afeto e amor. É a necessidade de ser aceito e querido nos vários grupos em que se atua. Incluem-se nessas necessidades as relações interpessoais entre amigos, colegas, chefe e subordinado, entre outras.

Necessidades de Status

Não basta apenas ser querido e aceito pelos outros. Há a necessidade de ser reconhecido, valorizado, considerado, de ter aprovação social e prestígio. São as chamadas necessidades do ego, que estão ligadas também à independência e à autonomia. Quando satisfeitas, levam à autoconfiança. Sua frustração gera sentimentos de inferioridade.

Necessidades de Autorrealização

Encontram-se no topo da pirâmide, e são as mais elevadas de todas as necessidades. Envolvem a realização de todo o potencial de uma pessoa e a levam a se autodesenvolver.

É a procura do autoconhecimento e do autodesenvolvimento, agora não mais ligados às necessidades primárias, sociais e de *status*, mas, sim, ao crescimento do homem como tal. É a necessidade que mostra se há ou não prazer pelo trabalho.

Maslow aponta que, quando qualquer uma das necessidades não está satisfeita ou encontra-se parcialmente satisfeita, ela dominará a direção do comportamento. Por outro lado, toda vez que uma necessidade é satisfeita, automaticamente seu lugar será tomado por outra necessidade. A necessidade satisfeita não é mais fonte motivadora para comportamentos.

As necessidades são satisfeitas por curto tempo. Se uma pessoa acaba de comer, daqui a algumas horas voltará a sentir fome. Embora se satisfaça por curto tempo, quando há condições garantidas de alimento essa necessidade estará controlada.

De maneira consciente ou inconsciente, com a grande competitividade entre as empresas, observa-se que elas começaram a trabalhar no sentido de amenizar a caminhada para a busca da satisfação das necessidades para atrair a melhor mão de obra do mercado. Tanto as empresas como o governo passaram a criar uma série de benefícios e diferenciais, acompanhando a escalada de Maslow.

> **Necessidades fisiológicas:** cesta básica, vale-refeição, assistência médica, descanso semanal remunerado, férias.
> **Necessidades de segurança:** aposentadoria, seguro, seguro-desemprego, creche, políticas administrativas claras, cargos bem-definidos.
> **Necessidades sociais:** café da manhã e da tarde, *happy hour*, grêmios, confraternizações, reuniões.
> **Necessidades de *status*:** participação nos lucros, plano de carreira, reembolso de cursos.
> **Necessidades de autorrealização:** a possibilidade de fazer o que se gosta e ter autonomia para realizar o que se deseja, espaço para a expansão da criatividade.

Para Maslow, a pirâmide deve ser vista na totalidade e de maneira dinâmica, não podendo ser analisada em partes isoladas. As necessidades são interdependentes e, às vezes, é difícil distinguir o objetivo a ser alcançado. A parada para um café, por exemplo, pode estar voltada para o desejo de interromper um trabalho ou conversar com um amigo e não para uma necessidade fisiológica.

Há um jogo muito interessante das empresas dentro da proposta dessa teoria: para preencher a necessidade de *status*, por exemplo, pode-se incrementar a fisiológica, quando poucas pessoas almoçam em restaurantes caros e outras na própria empresa, com o famoso "bandejão". Ou os planos de saúde serem diferenciados, de acordo com o cargo que a pessoa ocupa.

A Teoria de Maslow faz rever muitos programas motivacionais, pois mostra que as pessoas perseguem objetivos diferentes em um determinado momento. Por exemplo: um professor não pode esperar que todos os seus alunos tenham interesse por sua disciplina, ou o administrador esperar que o tão caro programa motivacional venha atingir a todos os seus funcionários. A pirâmide de Maslow ajuda a observar que tipo de objetivo cada um está perseguindo em um dado momento.

Segundo alguns estudiosos, a Teoria de Maslow deve ser reconsiderada no que tange à hierarquia das necessidades, pois as diferenças de necessidades secundárias variam de pessoa para pessoa e de acordo com a cultura. Justificam que essa teoria é norte-americana, nascida em uma sociedade individualista, o que direciona a autorrealização para o topo. Em sociedades coletivistas, as pessoas teriam preferência às necessidades de suas realizações em grupo.

> Os gerentes japoneses, entretanto, parecem ter uma hierarquia que dá mais valor às necessidades sociais e de segurança, porque estão mais insatisfeitas, do que à de autorrealização. Os gerentes do Norte da Europa aparentemente têm uma hierarquia que troca as posições dadas por Maslow às necessidades de segurança e afeto. Essas e outras variações deixam implícito que a hierarquia de Maslow é antes um reflexo da cultura onde surgiu do que um guia para se entender a motivação em outras culturas. (HAMPTON, 1990, p. 164)

Independentemente dessa ressalva, Maslow mostra-se importante não só ao descrever as necessidades, mas, principalmente, ao apontar que só será motivadora uma necessidade que não foi satisfeita.

✓ Satisfação e Insatisfação no Trabalho

Outro fator importante na política e na prática de Recursos Humanos refere-se à satisfação ou à insatisfação no trabalho, e a tradicional Teoria de Frederick Herzberg destaca essa importância.

Herzberg, ao estudar o contexto da empresa, estava empenhado em pesquisar quais fatores envolviam a satisfação e as condições realmente satisfatórias para a pessoa que trabalha. Descobriu que a satisfação e a insatisfação não se apresentam em polos opostos, mas representam duas escalas diferentes. Sua teoria ficou conhecida como a teoria dos dois fatores, pois trabalhou com dois conjuntos de necessidades: uma instintiva, que visa evitar o desconforto; e outra que leva o indivíduo a crescer como ser humano. Criou, assim, os fatores higiênicos e os fatores motivacionais, respectivamente.

Fatores Higiênicos

O termo "higiênico" remete à ideia de prevenção ou profilaxia. Na medicina, os fatores higiênicos não curam doenças, mas as previnem. Para Herzberg, o mesmo ocorre na administração.

Os fatores higiênicos são externos e estão sob controle da empresa e do ambiente de trabalho. Sua presença não traz satisfação, mas sua ausência gera insatisfação.

Para Herzberg, os fatores higiênicos, quando comparados às ideias de Maslow, encontram-se nos três primeiros degraus da pirâmide. São aqueles ligados aos benefícios que atendem às necessidades fisiológicas, incluindo a limpeza do ambiente. Também são considerados higiênicos: as políticas administrativas; a justiça nos salários e nos pagamentos de pessoal; a segurança pessoal, emocional e profissional que a empresa oferece; os conflitos decorrentes das relações humanas; a natureza da supervisão direta; o clima entre as pessoas; e as condições gerais de trabalho.

De certo modo, os fatores higiênicos previnem o baixo desempenho. Assim, a melhora das condições de supervisão, da qualidade das relações humanas, da política da empresa, das condições físicas, dos salários e das práticas administrativas apenas evita que ocorra a insatisfação.

Um exemplo de fator higiênico é o salário: não motiva, mas a sua ausência ou um salário injusto leva à insatisfação.

Fatores Motivacionais

Segundo Herzberg, os fatores motivacionais são internos, estão sob controle do indivíduo, pois estão relacionados àquilo que ele faz, à natureza de suas tarefas. Envolvem a realização, o reconhecimento, o crescimento profissional, a responsabilidade, o progresso e o trabalho em si. Um plano de carreira bem-elaborado pode ser um fator motivacional para um empregado.

Os fatores motivacionais, quando estão ausentes, são neutros, e não geram insatisfação, mas quando presentes garantem a satisfação. São os fatores do próprio trabalho e não das condições externas que funcionam como motivacionais.

Herzberg enfatiza que o contrário da satisfação não pode ser chamado insatisfação e, sim, nenhuma satisfação. Da mesma forma, o contrário de insatisfação não pode ser visto como satisfação, mas, sim, como uma situação na qual não ocorre nenhuma insatisfação, pois são escalas diferentes.

É importante destacar que o administrador deve ter sob controle os fatores higiênicos para evitar a insatisfação e estimular os fatores motivacionais por meio do enriquecimento do cargo e das tarefas, criando constantes desafios para os funcionários.

A maioria das pessoas permanece nas empresas em função do ambiente de trabalho, portanto, controladas pelos fatores higiênicos. Não gostam do que fazem, mas "o pessoal é legal e a empresa oferece bons benefícios".

As empresas criam ambientes físicos salubres ou criam uma série de programas ditos motivacionais que visam melhorar as relações humanas dentro delas. Na verdade, estão trabalhando com os fatores higiênicos e, ao mesmo tempo, estão desviando a ação dos fatores realmente motivacionais.

Um programa de qualidade de vida deve voltar-se aos fatores higiênicos, pois, quando controlados, evitam a insatisfação. Ao mesmo tempo, o enriquecimento do cargo e a criação de desafios que garantam a satisfação dentro das organizações seriam, de fato, o início de um programa motivacional. É importante ressaltar que tanto os programas de qualidade de vida como os programas motivacionais necessitam de coleta de dados da empresa em que serão aplicados. As empresas são diferentes e possuem necessidades também diferenciadas. Programas padronizados deixam a desejar por não se ajustar às necessidades e às demandas de cada empresa.

✓ Justiça no Trabalho

A tradicional Teoria da Equidade, criada por Aristóteles e divulgada no âmbito organizacional por J. S. Adams, aponta a importância da percepção da justiça no trabalho para o empregado. Essa teoria baseia-se na comparação que as pessoas fazem de si mesmas em relação a outras pessoas.

Nas empresas, o que é comparado entre as pessoas é aquilo com que cada um contribui na empresa (trabalho, qualificação, talento) e o retorno recebido (salário, benefícios, incentivos, *status*).

Quando ocorre na comparação com outras pessoas, o empregado percebe justiça entre contribuição e retorno, e a motivação acontece. Quando ele percebe injustiça, a insatisfação aparece e comanda o comportamento.

> Quando os funcionários acreditam que estão recebendo resultados equivalentes a seus *inputs*, geralmente ficam satisfeitos. Quando acreditam que estão sendo tratados equitativamente, estão mais dispostos a trabalhar duro. De outro modo, quando acreditam que estão dando mais do que estão recebendo da organização, um estado de tensão e insatisfação se instala. (DUBRIN, 2003, p. 125)

A Teoria da Equidade deve ser levada em consideração na elaboração de programas de remuneração e de recompensas e nas relações interpessoais. Em uma época em que a responsabilidade social tem tomado peso no mundo corporativo, a justiça é a primeira a ser observada.

 ▶ ## ✓ Estudo de Caso

A empresa de Olavo e Janeth está em plena ascensão e precisa se modernizar para acompanhar a evolução das mudanças mercadológicas. Com isso, há necessidade de contratar mais funcionários. A decisão sobre a contratação envolve aspectos da cultura de ambos os médicos, o que pode causar pontos de conflito.

De modo geral, exige-se das empresas rapidez nas decisões para se adaptarem às mudanças, principalmente nos conhecimentos, nas habilidades e nas atitudes que reflitam o sucesso do negócio. Os valores e as crenças fazem parte da cultura da empresa, e, nesse momento, é preciso definir a estrutura hierárquica, com objetivo comum, conciliando as expectativas de ambos.

Imagine um acordo entre os dois médicos para estabelecer um conjunto de ações que direcionarão a empresa e orientarão seus colaboradores, dando início ao estabelecimento da cultura do consultório. Descreva esse conjunto de ações.

 ▶ ## ✓ Exercícios

1. Dentre os aspectos de estrutura organizacional (ROBBINS, 2002), mecanicista e orgânica, qual modelo mais se adapta às responsabilidades da área de Recursos Humanos? Justifique.

   Explore o tema por meio do filme *O Diabo Veste Prada*.
   a. Assista ao filme *O Diabo Veste Prada*.
   b. Responda às questões seguintes.

2. Qual era a estrutura organizacional da *Runway*? Descreva as características dessa cultura.

3. Como era o ambiente físico? De que maneira os colaboradores da *Runway* eram controlados por ele?

4. Descreva como a cultura da *Runway* interferia na vida pessoal dos seus colaboradores.

5. Construa a Pirâmide de Maslow, apontando como as necessidades estão organizadas para a personagem Andrea.

6. Segundo a teoria da equidade, de J. S. Adams, como a injustiça era percebida pela personagem Andrea?

O INGRESSO NA ORGANIZAÇÃO

ASSUNTOS ABORDADOS NESTE CAPÍTULO:

- Planejamento de Cargos
- Recrutamento e Seleção
- Contratação e Admissão

O mundo empresarial passa por transformações e necessidades constantes quanto às práticas administrativas, provocadas pelo acirramento da concorrência, pela política econômica e pelo êxodo do capital intelectual (*turnover* ou rotatividade), fatores que intervêm para a manutenção de pessoas satisfeitas e comprometidas no trabalho.

Neste contexto, destaca-se a importância das pessoas e do desenvolvimento de seu potencial para o fortalecimento dos objetivos das organizações.

Esses objetivos são declarados pelo modelo de administração escolhido pelos dirigentes da empresa, adaptando-o à racionalidade dos interesses das pessoas. Ou seja, quando as pessoas reconhecem seu valor na estrutura da empresa, elas podem legitimar sua vantagem competitiva de acordo com as características ou especificações de cada cargo.

Esse difícil caminho leva os dirigentes a definir criteriosamente uma modelagem de trabalho, capaz de se adaptar tanto ao modelo de gestão administrativo quanto ao modelo de gestão de pessoas, envolvendo as pessoas e capitalizando resultados com o trabalho, atendendo às premissas do equilíbrio interno e competitividade externa dos cargos.

✓ Planejamento de Cargos

Quando as empresas são criadas, necessitam definir quais recursos físicos e humanos serão necessários para o desenvolvimento de seus produtos ou serviços.

> **Recursos físicos:** local em que serão elaborados os produtos ou os serviços, bem como as máquinas e os insumos que transformarão a matéria-prima em produto acabado.
> **Recursos humanos:** pessoas qualificadas para o exercício das atividades requeridas pelo cargo da empresa.

O planejamento inicial da estrutura hierárquica é fundamental para definir o fluxograma[5] das atividades que serão exercidas na empresa. Em um sistema tradicional, as decisões são orientadas pela análise da importância do cargo que determinada pessoa exercerá na hierarquia, pois primeiramente se definem os requisitos do cargo e depois os requisitos do ocupante do cargo.

O cargo é definido como incumbência ou responsabilidade exercida por um indivíduo em uma empresa, e planejado dentro de critérios e limites, na estrutura de autoridade e de poder. A nomenclatura[6] do cargo também é muito importante para se determinar o alcance de suas responsabilidades e contribuir para o desenvolvimento de carreira de quem o ocupa.

> Art. 461 da CLT – Sendo idêntica a função, a todo trabalho de igual valor, prestado ao mesmo empregador, na mesma localidade, corresponderá igual salário, sem distinção de sexo, nacionalidade ou idade. (Redação dada pela Lei nº 1.723, de 8 de novembro de 1952)

Figura 3.1

Exemplo de hierarquia de cargos.

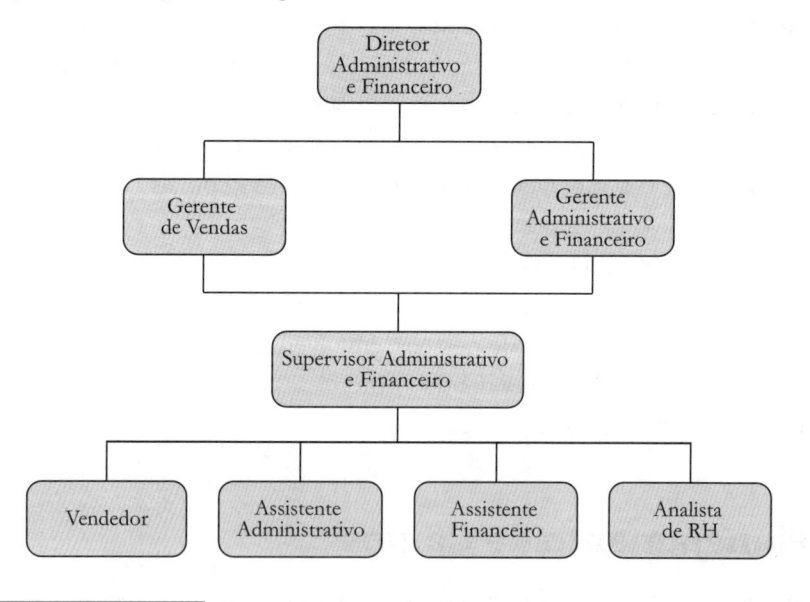

---

5 Representação gráfica das atividades e como elas se inter-relacionam.
6 Nome dado ao cargo.

§ 1º – Trabalho de igual valor, para os fins deste Capítulo, será o que for feito com igual produtividade e com a mesma perfeição técnica, entre as pessoas cuja diferença de tempo de serviço não for superior a 2 (dois) anos.
§ 2º – Os dispositivos deste artigo não prevalecerão quando o empregador tiver pessoal organizado em quadro de carreira, hipótese em que as promoções deverão obedecer aos critérios de antiguidade e merecimento.
§ 3º – No caso do parágrafo anterior, as promoções deverão ser feitas alternadamente por merecimento e por antiguidade, dentro de cada categoria profissional. (BRASIL, 1943).

Inicia-se a modelagem do cargo pela elaboração do documento "Descrição e Especificações de Cargo". Esse documento passa a integrar as práticas de Recursos Humanos e serve como base para os subsistemas posteriores (recrutamento, seleção, avaliação de desempenho, treinamento e desenvolvimento de carreira).

Descrição de Cargos

Consiste no detalhamento das tarefas atribuídas aos cargos, considerando seus objetivos, os métodos utilizados para sua execução, a periodicidade e sua complexidade. A descrição deve ser simples e objetiva, observando, no entanto, algumas regras, a fim de padronizar a facilitar o entendimento do seu conteúdo:

- O ponto de partida é descrever:
  - **O que deve fazer?** Por exemplo: elaborar relatório de vendas.
  - **Como deve fazer?** Por exemplo: reunir os pedidos do mês e lançar no sistema próprio do departamento de vendas.
  - **Por que fazer?** Por exemplo: para organizar os valores das comissões devidas por vendedor.
  - **Quando fazer?** Por exemplo: até o 5º dia do mês subsequente às vendas.
- Descrever objetivamente as atividades do cargo e não a pessoa que o ocupa.
- O conteúdo deve ser simples, de modo que seja de fácil compreensão mesmo para quem não o conheça.
- Os detalhes descritos são para evitar dúvidas, e os que não contribuam para sua compreensão devem ser eliminados.
- Caso sejam empregados termos poucos conhecidos ou técnicos, eles devem ser definidos previamente com os gestores da respectiva área de atuação.
- Deve-se descrever os requisitos exigidos pelo cargo e não o que o eventual ocupante sabe fazer.
- A descrição das atividades deve iniciar com o verbo no infinitivo, que defina bem a atividade, a fim de tornar a descrição impessoal (por exemplo: elaborar, arquivar etc.).

Especificações de Cargos

Significa identificar os requisitos e as qualificações necessárias para o desempenho das atividades inerentes ao cargo. Trata-se de requisitos que poderão não ser definitivos, uma vez que poderão sofrer mudanças de acordo com a necessidade de avaliação futura. Normalmente, os gestores escolhem fatores que consideram importantes para atingir os resultados esperados por meio dos cargos (nível de instrução, conhecimentos específicos, experiência profissional, esforço mental/visual/físico, responsabilidade por materiais e produtos etc.).

No entanto, encontramos empresas que não se importam com essas premissas, e, somente bem depois de iniciarem suas operações, é que percebem o quanto deixaram de ganhar com um planejamento de cargos. Alguns processos produtivos e estratégicos perdem em eficiência por não se preocuparem com a adequação entre suas necessidades hierárquicas e os ocupantes do cargo, ou se, na realidade, as atividades na empresa acontecem exatamente como foram planejadas.

A empresa deve conhecer as técnicas e as metodologias aplicadas pela concorrência, analisar a natureza dos trabalhos que deverão ser executados, o sistema de remuneração praticado no mercado, as leis, as políticas, os sindicatos e as convenções coletivas da categoria profissional para organizar uma estrutura que valorize o cargo sem prejuízo do funcionamento do sistema hierárquico como um todo.

A modelagem dos cargos requer a identificação dos grupos ocupacionais existentes na empresa: operacional, técnicos administrativos e gerenciais. Essa identificação é importante para que os requisitos do cargo sejam compatíveis com a estrutura hierárquica da empresa.

O planejamento de cargos e suas premissas são condições básicas para o recrutamento e a seleção eficientes de candidatos, pois estes procuram se estabelecer nos cargos que representam possibilidades de carreira. Empresas que se preocupam com esses critérios, quando definem os cargos, conseguem formar uma estrutura forte e, se bem administradas, produzem efeitos motivadores em sua força de trabalho, pois os indivíduos perceberão que a empresa é responsável, justa e preocupada com sua vida e a dos demais parceiros do negócio.

Fatores motivacionais que estão ligados aos cargos e suas características

> Comunicação eficiente entre os cargos da hierarquia;
> processo de trabalho bem-definido;
> clareza na definição da subordinação;
> *status;*
> reconhecimento da importância do cargo e participação nas decisões estratégicas;
> nomenclatura que seja reconhecida no mercado de trabalho.

O processo estratégico de definição de cargo deve levar em consideração o equilíbrio entre o planejamento da empresa, que vai desde a identificação, levantamento, descrição, especificações, análise e definição da nomenclatura do cargo, com seus objetivos em curto, médio e longo prazos, até contemplar as diferentes condições dos futuros ocupantes do cargo.

Figura 3.2

Modelo de descrição e especificações de cargos operacionais

CARGOS OPERACIONAIS

Nome do funcionário: _____

Nome do superior imediato: _____

A) DESCRIÇÃO DO CARGO

Descreva as tarefas na sequência em que são realizadas ou em ordem de importância.

O que é feito? (utilize o verbo no infinitivo. Exemplo: arquivar, planejar, elaborar etc.)

_____

_____

Como é feito? (informe os recursos, os equipamentos, as tabelas etc. que serão utilizados nas atividades)

_____

_____

Por que é feito? (informe os objetivos ou as razões para a execução dessas atividades)

_____

_____

Quando é feito? (informe a periodicidade: diário, semanal, mensal, anual)

_____

_____

B) ESPECIFICAÇÃO DO CARGO

1. Instrução

Informe o nível de instrução considerado como mínimo necessário para ocupar o cargo.

☐ Ensino Médio incompleto _____

☐ Ensino Médio completo ou curso profissionalizante de _____
 Outros conhecimentos necessários para o desempenho do cargo. Especifique:

_____

2. Experiência

Informe o tempo mínimo de experiência para habilitar alguém a desempenhar, de modo satisfatório, as atividades do cargo:

Experiência no cargo

☐ 3 a 6 meses.
☐ 6 meses a 1 ano.
☐ 1 a 2 anos.
☐ 2 a 4 anos.
☐ 4 a 6 anos.
☐ mais de 6 anos.

Experiência em cargos anteriores

☐ 3 a 6 meses.
☐ 6 meses a 1 ano.
☐ 1 a 2 anos.
☐ 2 a 4 anos.
☐ 4 a 6 anos.
☐ mais de 6 anos.

3. Complexidade das tarefas

Informe a atividade que considera mais difícil. Por quê?

_____

_____

4. Iniciativa

Informe quando o superior imediato controla a execução do trabalho:

☐ Em todas as fases.
☐ Na fase inicial e final do trabalho.
☐ Na fase final do trabalho.

Informe as instruções que recebe do seu superior:

☐ Detalhadas.
☐ Gerais.

Informe quais são as decisões tomadas sem a necessidade de recorrer ao superior imediato.

_____

_____

_____

5. Riscos/segurança

Informe quais acidentes ou doenças podem ser provocados pelo exercício das atividades, mesmo que sejam observadas as normas de segurança. Assinale:

☐ Probabilidade mínima de acidentes.

☐ Pequenos cortes ou ligeiras contusões, sem gravidades.

☐ Queimaduras, fraturas etc.

☐ Incapacidade total, acidente fatal.

Informe se o provável acidente exigiria algum tempo de afastamento:

☐ Não requer afastamento do trabalho.

☐ Requer afastamento por poucos dias.

☐ Requer afastamento por curto período (15 dias).

☐ Requer afastamento por período prolongado.

Informe quais são os equipamentos de segurança necessários para o exercício das atividades.

_____

_____

6. Condições do ambiente de trabalho

☐ Pressão ☐ Fumaça ☐ Calor

☐ Frio ☐ Chuva, sol etc. ☐ Odores

☐ Gases ☐ Poeira ☐ Umidade

☐ Graxa

7. Esforço físico

O trabalho é executado:

☐ Em pé.

☐ Sentado.

☐ Andando.

☐ Agachado.

8. O peso carregado é:

☐ Leve. ☐ Ocasional. ☐ Frequente.

☐ Médio. ☐ Ocasional. ☐ Frequente.

☐ Pesado. ☐ Ocasional. ☐ Frequente.

9. Esforço visual

Na execução de seu trabalho é exigido esforço visual:

☐ Ocasionalmente. ☐ Frequentemente.

10. Responsabilidade por máquinas e ferramentas

Informe quais são as máquinas, os equipamentos e as ferramentas sob responsabilidade do cargo.

_____

Data: _____/_____/_____   _____
                              Assinatura do funcionário

Data: _____/_____/_____   _____
                              Assinatura do superior imediato

Figura 3.3

Modelo de descrição e especificações de cargos técnicos e administrativos

CARGOS TÉCNICOS E ADMINISTRATIVOS

Nome do funcionário: _____

Nome do superior imediato: _____

A) DESCRIÇÃO DO CARGO

Descreva as tarefas na sequência em que são realizadas ou em ordem de importância.

O que é feito? (utilize o verbo no infinitivo. Por exemplo: arquivar, planejar, elaborar etc.)

_____

_____

Como é feito? (informe os recursos, os equipamentos, as tabelas etc. que serão utilizados nas atividades)

_____

_____

Por que é feito? (informe os objetivos ou as razões para a execução dessas atividades)

_____

_____

Quando é feito? (informe a periodicidade: diário, semanal, mensal, anual)

_____

_____

B) ESPECIFICAÇÃO DO CARGO

1. Instrução

Informe o nível de instrução que considera como mínimo necessário para ocupar o cargo.

☐ Ensino Médio.　　　　☐ Superior completo.　　　　☐ Pós-graduação.

No nível de instrução assinalado, há necessidade de algum tipo de especialização? Especifique.

_____

_____

2. Experiência

Informe o tempo mínimo de experiência para habilitar alguém a desempenhar, de modo satisfatório, as atividades do cargo:

Experiência no cargo	Experiência em cargos anteriores
☐ 3 a 6 meses.	☐ 3 a 6 meses.
☐ 6 meses a 1 ano.	☐ 6 meses a 1 ano.
☐ 1 a 2 anos.	☐ 1 a 2 anos.
☐ 2 a 4 anos.	☐ 2 a 4 anos.
☐ 4 a 6 anos.	☐ 4 a 6 anos.
☐ mais de 6 anos.	☐ mais de 6 anos.

3. Informe os conhecimentos exigidos do ocupante do cargo para realizar as atividades previstas.

_____

_____

4. Complexidade das tarefas

Informe a atividade que considera mais complexa. Por quê?

_____

_____

5. Iniciativa

Informe como o superior imediato controla a execução do trabalho.

_____

Informe quais são as decisões tomadas sem a necessidade de recorrer ao superior imediato?

_____

_____

6. Responsabilidade por numerários (dinheiro e outros)

No desempenho das atividades, há manipulação ou responsabilidade por dinheiro ou títulos negociáveis ou aprova a liberação desses bens? Especifique e indique o valor máximo (R$) sob responsabilidade do cargo.

_____

_____

7. Responsabilidade por máquinas e equipamentos

Informe as máquinas ou os equipamentos utilizados no exercício das atividades.

_____

_____

8. Responsabilidade por assuntos confidenciais

Informe se tem acesso a documentos ou dados confidenciais. Quais?

_____

_____

9. Efeitos dos erros

Informe quais são os prováveis erros que podem ser cometidos nas atividades.

_____

_____

Informe qual é a consequência dos erros.

_____

_____

10. Supervisão exercida

Supervisiona diretamente o trabalho de outros empregados? Caso afirmativo, informe:

Cargos supervisionados	Número de funcionários	Total de salários

Supervisiona indiretamente o trabalho de outros empregados? Caso afirmativo, informe:

Cargos supervisionados	Número de funcionários	Total de salários

Data: _____/_____/_____   _____
                           Assinatura do funcionário

Data: _____/_____/_____   _____
                           Assinatura do superior imediato

Figura 3.4

Modelo de descrição e especificações de cargos gerenciais

CARGOS GERENCIAIS

Nome do funcionário: _____

A) DESCRIÇÃO DO CARGO

Objetivo do cargo (descreva brevemente o objetivo principal do seu cargo na empresa)

_____

_____

O que é feito? (utilize o verbo no infinitivo. Por exemplo: arquivar, planejar, elaborar etc.)

_____

_____

Como é feito? (informe os recursos, os equipamentos, as tabelas etc. que serão utilizados nas atividades)

_____

_____

Por que é feito? (informe os objetivos ou as razões para a execução dessas atividades)

_____

_____

Quando é feito? (informe a periodicidade: diário, semanal, mensal, anual)

_____

_____

B) ESPECIFICAÇÃO DO CARGO

1. Instrução

Informe qual é o nível de instrução que considera como mínimo necessário para ocupar o cargo.

☐ Superior completo em _____

☐ Pós-graduação em _____

☐ Especialização em _____

2. Quais são os conhecimentos exigidos do ocupante do cargo para realizar as tarefas previstas?

_____

3. Experiência

Informe qual é o nível de experiência para treinar alguém a desempenhar de modo satisfatório as atividades do cargo.

_____ anos no próprio cargo, além de _____ anos nos seguintes cargos anteriores:

_____ anos no cargo _____

_____ anos no cargo _____

4. Responsabilidades

Total da folha de pagamento sem encargos (anual) _____ R$ _____

Total do seu orçamento (anual) _____ R$ _____

Total da receita operacional (anual) _____ R$ _____

5. Complexidade

Informe a atividade que considera mais complexa. Por quê?

_____

6. Autonomia

Indique as decisões mais importantes tomadas sem necessidade de levar à apreciação do superior.

_____

7. Contatos

Informe a finalidade dos contatos mantidos para a realização do trabalho.

_____

Data: _____/_____/_____   _____
                            Assinatura

Perfil do Cargo

O perfil representa as informações básicas para que o processo de admissão atenda às exigências dos requisitantes, em termos de tempo e de qualidade na captação e na administração da permanência do funcionário.

A permanência do funcionário depende de um trabalho planejado e conduzido com critérios objetivos, conscientizando-o desde o início sobre as expectativas depositadas na eficácia dos resultados do cargo e nas possibilidades de desenvolvimento profissional a partir deste. Portanto, para a construção do perfil do cargo é necessária a participação das pessoas que interagem na execução de suas atividades.

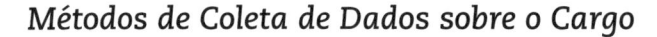

Métodos de Coleta de Dados sobre o Cargo

A pesquisa para a coleta de dados sobre o cargo deve ser interna ou externa.

Pesquisa Interna

Os métodos mais comuns para traçar o perfil de um cargo são entrevistas, questionários, observação e anotações de trabalho, que podem ser utilizados isoladamente ou em conjunto.

a. **Entrevista com o ocupante do cargo:** são perguntas feitas individualmente aos funcionários e suas respectivas chefias sobre o cargo que está sendo descrito e especificado. Tem a vantagem de sanar dúvidas de imediato e aprofundar o estudo.

b. **Questionário a ser preenchido pelo ocupante e pela chefia:** tanto os funcionários quanto suas chefias recebem um formulário para ser preenchido individualmente, com questões sobre as atividades, o objetivo do trabalho, os requisitos pessoais para o desempenho do cargo, o ambiente físico, os materiais utilizados e as informações que envolvem as condições de trabalho.

c. **Observação *in loco*:** a pessoa responsável pela descrição do cargo observa as atividades dos funcionários, registrando-as em formulário padronizado. Muitas empresas fazem uso de gravações em vídeo para análise posterior.

d. **Anotações de trabalho:** é solicitado aos empregados que registrem suas atividades diariamente, por escrito, durante o período determinado.

Pesquisa Externa

Busca-se verificar como as empresas descrevem os cargos, levando-se em consideração pesquisas externas:

➤ do mesmo ramo de atividade;
➤ do mesmo porte;
➤ da mesma região geoeconômica.

> Um cargo é composto por um conjunto de atividades e deveres relacionados. Em termos ideais, os deveres de um cargo compreendem unidades naturais de trabalho similares e relacionadas. Eles devem ser claros e distintos no que se refere a outros cargos, para minimizar desentendimentos e conflitos e permitir que os funcionários identifiquem o que se espera deles. Para alguns cargos, podem ser necessários vários funcionários, cada um ocupando uma posição ou uma função distinta. Uma função ou posição implica diferentes deveres e responsabilidades desempenhadas apenas

por um funcionário. Na biblioteca de uma cidade, por exemplo, quatro funcionários (quatro posições) podem estar envolvidos no atendimento ao público, mas todos têm o mesmo cargo (bibliotecário). (BOHLANDER, 2003, p. 30)

Organograma e Hierarquia

Os cargos estão relacionados ao organograma e à hierarquia das organizações. O organograma é o quadro representativo da posição formal de todos os cargos dentro da organização.

Figura 3.5

Exemplo de organograma.

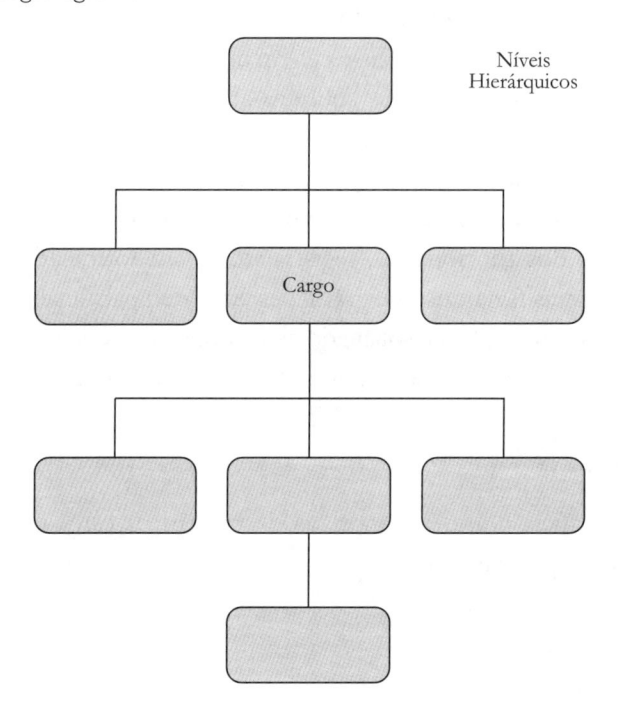

A leitura do organograma pode se dar:

> na horizontal, em que cada cargo está emparelhado a outros cargos do mesmo nível hierárquico;

> na vertical, em que se visualiza o departamento ou a hierarquia.

A hierarquia estabelece quem é oficialmente responsável pelas ações de quem, define a subordinação e os subordinados.

Levantamento do Perfil do Cargo para o Recrutamento e Seleção de Pessoas

No preenchimento de vagas, a fase que antecede o recrutamento e a seleção de pessoal de qualquer empresa envolve o levantamento da cultura organizacional e o perfil do cargo, que mostra como deve ser a pessoa que ocupará a vaga. O objetivo é encontrar alguém que tenha o maior número de características compatíveis com o cargo, que atenda às necessidades da empresa e às suas próprias, uma vez que a pessoa, quando satisfeita, produz mais e melhor, minimiza os conflitos e o sofrimento dentro da organização em que atua.

O levantamento do perfil do cargo para o recrutamento e a seleção de pessoal envolve:

a. **Posicionamento do cargo no organograma da empresa:** mostra a denominação do cargo e de informações sobre as pessoas que se relacionarão direta ou indiretamente com o futuro ocupante da vaga.

b. **Descrição das atividades a serem realizadas:** são levantadas todas as tarefas que o futuro ocupante do cargo deverá realizar, desde as diárias até as ocasionais (como relatórios semanais, reuniões mensais etc.).

c. **Aspectos pessoais do futuro ocupante do cargo:**
   - Descrição das habilidades, conhecimentos técnicos e gerais necessários ao desenvolvimento do cargo e da função.
   - Características de personalidade compatíveis com a cultura organizacional (iniciativa, facilidades ou dificuldades em relacionamentos, em tomada de decisões, adaptação ou não ao trabalho de rotina ou de equipe, bom senso, tolerância à frustração, tolerância às pressões, comunicativo ou não etc.).

d. **Exigências da empresa requisitante:**
   - **Quanto aos dados pessoais:** idade, escolaridade, gênero, estado civil, com ou sem experiência, horário de trabalho, disponibilidade ou não para viagens etc.
   - **Grau de responsabilidade:** por pessoas, equipamentos, segurança, máquinas, valores, dados confidenciais.
   - **Horário e local de trabalho.**

     As exigências da empresa estão relacionadas com a sua história e suas experiências. Por exemplo: querer um *motoboy* com idade superior a 30 anos, pois teve problemas com mais jovens.

e. **Condições oferecidas pela empresa requisitante:**
   - salário;
   - benefícios (assistência médica, vale-transporte, vale-refeição, cesta básica, entre outros);

- incentivos (plano de carreira, participação nos lucros, remuneração por habilidades e competências, bonificações etc.).

Observa-se que um grande número de empresas trabalha com prestadores de serviços, como consultores, temporários, autônomos e estagiários, e que eles também passam pelo processo de recrutamento e seleção. Portanto, também serão avaliados pelo perfil estabelecido pela empresa.

Pelas várias utilizações dos dados contidos no perfil de cargo (recrutamento, seleção, remuneração, avaliação de desempenho e treinamento), a pesquisa deve ser feita com cuidado e por profissional qualificado da área de Recursos Humanos.

✓ Recrutamento e Seleção

O recrutamento e a seleção de candidatos são subsistemas que realizam atividades de captação e escolha de profissionais que atendam à descrição e às especificações do cargo. São interdependentes e utilizam técnicas e meios de comunicação para alcançar seus objetivos, compor uma lista de candidatos qualificados e apresentar aos gestores as melhores opções para contratação e posterior admissão.

Recrutamento

Inicia-se o recrutamento quando a necessidade de mão de obra qualificada é identificada (um ou vários setores apresentam disponibilidade de cargos necessários para a contratação, admissão ou substituição), surgindo, assim, a "vaga" de emprego.

Uma vaga de emprego pode surgir por:

> **Expansão da empresa:** aumento do quadro de funcionários, abertura de filiais ou criação de outros setores.
> **Substituição:** devido à demissão, morte, aposentadoria, transferência, promoção ou licença de funcionários.

Recrutamento é o processo ou meio mais eficiente para comunicar, divulgar ou tornar pública a vaga existente em uma empresa, objetivando captar um candidato cujo perfil seja o mais adequado ao cargo disponível. Esse processo pode ser interno ou externo.

Uma divulgação mal planejada, em vez de atrair candidatos potenciais, pode surtir efeitos contrários, como a captação de candidatos fora do perfil desejado, acarretando a má utilização do tempo disponível para análise dos perfis.

Além da análise interna, a empresa precisa estar atenta a dois fatores importantes que podem fazer a diferença no momento da contratação: o mercado de trabalho e a disponibilidade de pessoas qualificadas.

Por exemplo: para encontrar um emprego, utilizam-se alguns recursos tecnológicos (sites de empresas, redes sociais, indicação de pessoas próximas etc.). As empresas recebem os currículos para avaliar se as informações podem ser aproveitadas.

O mercado de trabalho é o ambiente em que estão as pessoas que buscam as oportunidades de emprego, porém, há de se notar que em determinadas vagas pode ocorrer certa dificuldade para encontrar pessoas que sejam potenciais candidatas. Isso, no jargão administrativo, significa analisar o recrutamento pela ótica da lei da oferta e da procura.

Esse termo é utilizado para analisar se a capacidade da oferta de vagas de empregos é ou não compatível com a quantidade de pessoas qualificadas que procuram por emprego.

Quando a oferta de vaga de emprego é maior do que a procura, a empresa sente a necessidade de agir de forma mais flexível e de investir tempo e dinheiro em mecanismos para facilitar a chegada dessas pessoas (candidatos) à empresa. Em outras palavras, essa situação provoca maiores investimentos no recrutamento e pode flexibilizar os critérios de seleção de candidatos.

Quando a oferta é menor, a empresa passa então a agir com maior rigor na seleção e menor investimento no recrutamento, pela abundância de mão de obra no mercado. São situações distintas que levam os gestores de empresas a decidir profissionalmente, com base em uma análise coerente. Para que isso realmente aconteça, é necessário que os profissionais de Gestão de Pessoas estejam atentos e atualizados quanto à mobilidade das pessoas no mercado de trabalho e procurem otimizar o tempo entre as vagas disponíveis, os candidatos disponíveis e o preenchimento dessas vagas.

Esse trabalho é de suma importância para a decisão futura dos gestores, pois, além dos objetivos de curto, médio e longos prazos, é fundamental ater-se aos problemas causados pela má administração do recrutamento, como a rotatividade de pessoas e o absenteísmo.

O processo de recrutamento varia conforme a empresa, porém, quando bem planejado, traz resultados significativos.

Em geral, o processo é feito em quatro fases:

> **1ª fase – coleta de dados:** do perfil do cargo, da urgência da vaga, dos recursos financeiros disponíveis, situação do mercado de trabalho.

> ➤ **2ª fase – planejamento:** avaliar o perfil do cargo e decidir os meios e as fontes para o recrutamento (interno, externo ou misto), levando em consideração a relação entre custo e benefício do processo.

> ➤ **3ª fase – execução:** divulgação da vaga e captação dos currículos dos candidatos.

> ➤ **4ª fase – avaliação dos resultados:** analisar a quantidade e a qualidade dos currículos captados, o tempo decorrido na separação e elaborar uma lista de candidatos qualificados.

Recrutamento Interno

É a divulgação da vaga dentro da própria empresa para as pessoas que já trabalham nela. É uma oportunidade para promoção e transferência de pessoal.

O recrutamento interno tem vantagens como: o processo é rápido e econômico; indica que a relação empresa-empregado não é negativa, pois a empresa oferece chances e valoriza seus empregados; e o candidato já é conhecido e adaptado à cultura da empresa. A empresa pode aproveitar para promover antigos funcionários utilizando-se desse tipo de recrutamento.

A comunicação das vagas pode ser feita pelo jornal interno, intranet ou e-mails para os empregados, quadro de avisos e arquivos mantidos pela empresa. Quando o número de vagas é pequeno, utiliza-se com mais frequência o arquivo (consultam-se o histórico e o desempenho do candidato).

Recrutamento Externo

Quando não é possível obter candidatos na organização, recorre-se ao recrutamento externo.

Recrutamento externo é o processo de captação de pessoas fora da empresa, levando em consideração o mercado de Recursos Humanos[7] e o mercado de trabalho.[8]

A quantidade e a qualidade dos resultados do recrutamento dependem de como ele foi feito e da relação entre esses mercados. Quanto maior for o número de candidatos em relação à vaga disponível, maior será a possibilidade de

---

7 "O mercado de recursos humanos, ou mercado de candidatos, se refere ao contingente de pessoas que estão dispostas a trabalhar ou que estão trabalhando, mas dispostas a buscar um outro emprego. O MRH é constituído de pessoas que oferecem habilidades, conhecimentos e destrezas." (CHIAVENATO, 2004, p. 108)

8 "O mercado de trabalho (MT) é composto pelas ofertas de oportunidades de trabalho oferecidas pelas diversas organizações. Toda organização – na medida em que oferece oportunidades de trabalho – constitui parte integrante de um MT." (CHIAVENATO, 2004, p. 102)

contratar pessoas mais qualificadas. A relação que se estabelece é dependente do contexto social, político e econômico do País.

O recrutamento externo tem vantagens como: trazer pessoas com novos talentos e habilidades, renovar o quadro de pessoal e aproveitar pessoas que foram desenvolvidas e treinadas em outras empresas. Porém, tem desvantagens como: é caro (requer gastos com anúncios, honorários de agências, consultorias e outros, despesas com seleção, equipe de recrutamento, material de escritório, formulários etc.), é menos seguro e cria frustrações nos atuais funcionários da organização.

Os meios utilizados para divulgação externa das vagas dependem do cargo, do tempo, do *status* e das condições econômicas da empresa. São eles:

➤ **Mídia impressa (anúncios nos classificados de emprego dos jornais, revistas etc.):** os jornais diferem quanto ao tipo de clientela e destinam seus classificados de acordo com o nível de ocupação desse público. O conteúdo da divulgação obedecerá ao perfil do cargo, ao qual se adequará a linguagem a ser utilizada.

> Os classificados de imprensa – jornais, revistas etc. – são alguns dos meios de recrutamento mais utilizados pelas organizações para atrair candidatos ao preenchimento das vagas. Anúncios, em qualquer um desses meios, geralmente, custam caro, principalmente nos veículos de circulação nacional e presentes em todas as camadas de leitores. Por essa razão, há necessidade de uma cuidadosa programação, desde sua concepção até a escolha do veículo adequado para divulgação. (SILVA, 2002, p. 38)

➤ **Agências de emprego ou assessoria em Recursos Humanos:** são utilizadas por empresas de pequeno e médio portes. Em geral, oferecem serviços de recrutamento de profissionais do nível operacional até o nível intermediário da pirâmide organizacional. O cliente é a empresa. É ela que arca com as despesas administrativas.

  ◆ **Vantagens:** atendimento rápido e não trabalham com exclusividade, ou seja, a empresa pode contratar várias agências ao mesmo tempo.
  ◆ **Desvantagens:** em geral, fornecem candidatos em quantidade, não acompanham o profissional na empresa e não fornecem serviços de Psicologia, como entrevista psicológica, testes, entre outros.

➤ **Placas colocadas na entrada da empresa:** normalmente, as placas são usadas para atrair profissionais de baixo prestígio social. Em época de recessão, tem-se a desvantagem de provocar grandes filas na porta da empresa. Em época de expansão, quando o número de vagas é maior do que o número de

candidatos, pode ser um excelente meio para atrair candidatos. São de baixo custo e atraem pessoas que moram nas imediações da empresa ou mesmo indicação dos próprios empregados.

> **Faculdades, universidades ou cursos técnicos:** quando colocados em faculdades, universidades ou cursos técnicos, os cartazes são direcionados aos alunos estagiários ou a áreas de atuação específicas. São de baixo custo.

> **Consultorias em recrutamento e seleção (R&S):** são intermediárias entre o profissional e as empresas que necessitam dessa mão de obra. Em geral, recrutam, realizam a seleção de pessoal e usam outros serviços técnicos de Psicologia. Trabalham especificamente com cargos que vão do nível médio ao nível médio alto da pirâmide organizacional. Têm excelente metodologia de trabalho no levantamento de dados da cultura organizacional e do cargo. Possuem custo elevado, porém o trabalho é bem direcionado. Trabalham com contrato de exclusividade.

> **Consultorias de *outplacement*:** trabalham com a recolocação de profissionais que serão desligados ou estão em processo de desligamento. Algumas empresas contratam esse tipo de consultoria para ajudá-las no processo de desligamento e preparar os que serão desligados para serem recolocados. Os honorários são pagos pela empresa que está demitindo. O custo para a empresa que quer contratar o profissional, na maioria das vezes, é zero.

> **Consultorias de *replacement*:** são contratadas por profissionais para recolocá-los no mercado de trabalho.

> **Consultorias especializadas em um determinado ramo de atividade:** buscam profissionais especificamente para aquele ramo de atividade. Por exemplo: consultorias especializadas em informática, que buscam apenas profissionais dessa área.

> ***Headhunters*:** em geral, são profissionais autônomos especializados em cargos do topo da pirâmide organizacional (presidentes, vice-presidentes e diretores). Os custos são elevados.

> O *headhunter* destaca-se do consultor de R&S pelos contatos pessoais que possui e pelo seu perfil cultural e carreira profissional. É alguém com presença constante em eventos culturais, esportivos ou em encontros internacionais utilizados como ponto de encontro pelos altos executivos. Seu trânsito entre os presidentes de grandes organizações é tão garantido quanto seus almoços semanais com esses mesmos executivos. (MARRAS, 2002, p. 76)

> Prestam serviços de alto nível e atuam, principalmente, no recrutamento de executivos. Este tipo de trabalho é contratado pelas organizações que

> buscam profissionais escassos no mercado; quando não podem divulgar a existência da vaga; quando os prováveis candidatos trabalham para as empresas concorrentes, ficando difícil a abordagem direta desses profissionais; ou quando a empresa fica situada em local diferente do lugar onde trabalham os possíveis candidatos. (SILVA, 2002, p. 48)

> **Internet:** algumas empresas e consultorias colocam anúncios na internet com o perfil desejado para várias áreas ou solicitam que o currículo seja enviado por e-mail ou cadastrado em seu site pelo link "Trabalhe Conosco". Há ainda bancos de currículos para várias áreas. O candidato oferece seu currículo e o banco coloca-o à disposição das empresas com as quais trabalha.
>
> Existem ainda os softwares de recrutamento e seleção. Algumas empresas utilizam-se do software para as seleções interna e externa. São programas em que se pode colocar o perfil procurado e, ao mesmo tempo, lançar os dados importantes que os currículos trazem. Os dados do perfil são cruzados com os dados dos currículos, e aqueles que estiverem mais próximos do perfil serão chamados para o processo de seleção.
>
> A maioria das empresas que faz uso desses programas pede para que os candidatos preencham seus dados em seus sites, não aceitando o envio tradicional de currículo. Como a escolha dos candidatos que serão chamados é feita pelo computador e não por uma pessoa, a escolha das palavras-chave que permeiam o cargo é fundamental tanto para o candidato como para a empresa. Ampliando a capacidade das empresas em divulgar e captar candidatos, encontram-se nos meios tecnológicos as redes sociais (LinkedIn, Facebook, entre outros), que oferecem possibilidades de identificação de talentos e, ao mesmo tempo, o contato rápido para o envio de currículo. Ressalta-se que um dos pontos fortes do LinkedIn são os grupos de discussões, que permitem ao recrutador observar o comportamento daqueles que discutem e buscar na página daquele que se sobressai o currículo e o contato.

> **_Networking_**: são redes de relacionamentos entre profissionais de uma determinada área. Funcionam como indicações pessoais. Um profissional sabe de uma vaga em aberto e indica alguém que conhece. São indicações positivas, pois não se trata apenas de colocar alguém, mas de apresentar um profissional cujas qualificações são conhecidas. Geralmente, esse profissional passa pelo processo de seleção, mesmo sendo indicado por alguém.

> **Contato com sindicatos e associações de classe:** algumas entidades trabalham para auxiliar a colocação ou recolocação de profissionais. Em geral, o custo é zero para a empresa que busca pelo profissional.

> **Portas abertas:** algumas empresas convidam estudantes do último ano de faculdade ou conseguem contato com grupos específicos de profissionais e os convidam para conhecer suas instalações. Oferecem um café da manhã ou almoço. Ao terminar a visita, perguntam se gostaram da empresa e se gostariam de preencher uma ficha ou enviar um currículo.

Quando se trata de vagas de médio e alto prestígio social, a maioria das empresas solicita, em seu recrutamento, que os candidatos enviem os seus currículos, e para as vagas de baixo prestígio social solicitam o comparecimento e o preenchimento de Ficha de Solicitação de Emprego.

Após a divulgação das vagas, com a chegada dos currículos ou fichas, inicia-se o processo preliminar de escolha dos candidatos que serão encaminhados à seleção de pessoal.

Seleção

Seleção é o processo de escolha, entre os indivíduos que responderam ao recrutamento, daqueles que têm maior possibilidade de desempenho satisfatório em uma determinada função. Fornece a possibilidade de se ter uma previsão de desempenho.

Na seleção de pessoal, procura-se levantar a qualificação do candidato (ou competências), o que ele realmente domina, qual é o seu diferencial.

No processo, serão considerados as diferenças individuais, o cargo e a cultura organizacional, que, combinados, tentam ajustar indivíduo e empresa.

Etapas do Processo de Seleção

Análise de Currículos

Currículo é um documento elaborado pelo candidato, que contém informações importantes sobre a sua carreira: dados pessoais, objetivo profissional, qualificações profissionais (realizações, conhecimentos, habilidades e atitudes), formação acadêmica e experiências profissionais, dados essenciais que referenciam o candidato.

Por meio do conhecimento dos requisitos pertinentes ao cargo (descrição e especificações de cargo), pode-se verificar, nos currículos ou nas fichas de solicitação de emprego, os candidatos que mais se aproximam das necessidades da vaga, pois esses documentos fornecem dados que possibilitam o levantamento de algumas hipóteses quanto às habilidades, aos interesses e aos traços gerais dos

candidatos. Então, algumas pessoas são escolhidas para participarem das demais etapas do processo de seleção.

Entrevista

A entrevista de seleção do candidato envolve um encontro marcado entre um entrevistador e o candidato, em que o primeiro confronta as informações do currículo e as informações prestadas pelo candidato.

William Casey/Shutterstock

Com os dados dos currículos, temos elementos para a montagem da entrevista. Em geral, verificam-se a veracidade das informações fornecidas, a qualificação e o comportamento do candidato.

Quanto à sua metodologia, a entrevista pode ser:

> **Não estruturada ou livre:** entrevistador faz poucas perguntas planejadas e vai formulando as questões à medida que a entrevista se desenvolve. O entrevistador não se prende a um planejamento prévio.

> **Estruturada ou dirigida:** o entrevistador segue um roteiro previamente preparado, com questões básicas sobre o cargo e o candidato.

A entrevista pode ocorrer pessoalmente, por telefone ou pela internet (via videoconferência, por exemplo).

A entrevista de seleção tem por finalidade:

> verificar a qualidade, o tempo de resposta e a reação do candidato em relação às perguntas esperadas e inesperadas;

> averiguar conhecimentos;

> esclarecer dados que não estejam claros no currículo;

> aprofundar as informações dadas no currículo;

> dar a oportunidade de o candidato expor suas qualificações e expectativas;

> informar ao candidato sobre a cultura da empresa, o cargo, o salário, os benefícios, os horários etc.

A quantidade de entrevistas dependerá do cargo, do tempo, da necessidade, da quantidade e da qualificação dos candidatos. Embora a entrevista seja criticada por ser uma técnica influenciada pela subjetividade, ainda é a mais utilizada. Para a maioria das empresas de pequeno porte, a entrevista é a única forma de análise do candidato, cabendo aos seus resultados o processo decisório.

É comum na entrevista o entrevistado:

> falar sobre o que ele acha que é;

> falar sobre o que ele gostaria de ser, como se ele assim o fosse;

> falar o que ele percebe que o entrevistador quer ouvir;

> falar sobre si mesmo baseado em um perfil único e ideal, divulgado pelos diversos canais de comunicação (rádio, televisão, sites), que na maioria das vezes não corresponde a um perfil específico solicitado para uma determinada vaga.

Um entrevistador bem-treinado é menos subjetivo e mais observador quanto às colocações do candidato.

As empresas que utilizam outras etapas do processo de seleção têm mais condições de averiguar a veracidade do que foi dito na entrevista.

Artigos de revistas, jornais, televisão, sites, redes sociais e outros meios que se voltam para esse assunto apontam alguns detalhes que são observados nos candidatos durante as entrevistas que são feitas nas grandes empresas. São eles:

> a pontualidade do candidato (seja no horário marcado para o comparecimento pessoalmente, por telefone ou pela internet);

> trajes de acordo com a cultura organizacional;

> ética em relação às empresas e aos chefes anteriores;

> qualidade das respostas;

> termos utilizados (são descabidas as gírias e expressões chulas);

> cultura geral, conhecimentos sobre a organização e o mercado;

> o interesse do candidato pelo cargo e pela empresa.

Para que se faça uma escolha adequada, devem ser utilizadas todas as etapas do processo de seleção para averiguar o que vai se mantendo da pessoa em todas

essas etapas. Fazer uso só da entrevista ou de uma única etapa do processo de seleção não garante uma escolha adequada.

Aplicação de Testes

Os testes são instrumentos escolhidos ou elaborados de acordo com as exigências do cargo. Podem ser:

> **Testes de conhecimentos gerais:** são instrumentos para avaliar o nível de conhecimentos gerais do candidato exigidos pelo cargo. Os mais comuns são feitos por meio de perguntas e respostas, que podem ser orais ou escritas.

> **Testes de conhecimentos específicos:** versam sobre o conhecimento que o candidato tem sobre a área em que atua e o cargo que está pleiteando. Assim como os de conhecimentos gerais, os mais comuns são os questionários, que podem ser respondidos oralmente ou por escrito.

> **Testes práticos:** procuram medir o grau de capacidade ou habilidade para determinadas tarefas específicas, exigidas pelo cargo. Por exemplo: se uma indústria de perfumaria precisa contratar um químico, a prova versará sobre o que ele conhece de combinações químicas para perfume, e pode ser solicitado que ele faça uma combinação que resulte em um determinado aroma; para um digitador, a prova prática será digitar um texto; para um enfermeiro, que atenda a um paciente e verifique como estão seus pontos vitais.

> **Testes psicológicos:** em geral, aplicam-se testes psicológicos para coletar dados indiretos do candidato ou quando há empates entre alguns candidatos, mas nunca como instrumentos únicos de seleção.
> Os resultados serão analisados em conjunto com os resultados das outras etapas do processo de seleção. Os testes podem ser de inteligência (averiguação de memória, habilidade numérica, habilidade verbal etc.), de interesses (envolvem o que a pessoa gosta de fazer), de personalidade (características individuais) e de integridade[9] (testes escritos que procuram medir a integridade, a confiabilidade e a responsabilidade do candidato).

Os chamados "testes psicológicos" só são válidos quando usados como um dos elementos para levantar hipóteses sobre um determinado indivíduo. Jamais os resultados de um teste, por si sós, devem diagnosticar alguém. Para diagnosticar, outros elementos devem estar presentes, tais como: entrevistas, observação do comportamento do indivíduo, acompanhamento etc.

---

9 À medida que cresce a preocupação com a ética nas organizações, cresce a utilização de testes de integridade na seleção de pessoal.

Dinâmicas de Grupo

A dinâmica de grupo chegou ao Brasil nos anos 1970, com as empresas multinacionais, mas só passou a ser frequente no começo da década de 1980.

Na seleção de candidatos, a dinâmica de grupo consiste em técnicas que reúnem mais ou menos dez candidatos desconhecidos, concorrendo a uma mesma vaga. O objetivo da técnica é observar como o candidato se relaciona em grupo, suas características pessoais (por exemplo, indecisão, iniciativa, argumentação) e como lida com pressão e conflitos ou como resolve e soluciona problemas.

São propostas histórias do cotidiano, análise de filmes, artigos diversos ou discussão de temas relacionados com a carreira profissional para que o grupo chegue a uma conclusão conjunta. O que importa, nesse trabalho, é o desempenho de cada indivíduo dentro do grupo.

Normalmente, há uma primeira etapa, chamada "aquecimento", em que as pessoas se apresentam e o orientador fala sobre a empresa. Após o aquecimento, começa a segunda fase, na qual uma tarefa é proposta. Pode ser uma prova situacional, em que problemas comuns ao cargo em disputa devam ser solucionados em conjunto. Se o grupo é formado por profissionais de marketing, a tarefa pode ser a criação de uma campanha publicitária. Se forem secretárias, viabilizar uma viagem urgente do patrão ou, ainda, podem ocorrer simulações de situações do cotidiano, aparentemente nada relacionadas com o cargo, mas em que os papéis empresariais estejam embutidos em cada personagem. É analisado o desempenho de cada um. Não há como disfarçar ou treinar atitudes e posturas, pois as dinâmicas são elaboradas de acordo com as características de cada empresa.

Durante a discussão, verifica-se, por exemplo, se a pessoa é capaz de mudar seu ponto de vista ou se fica inflexível só por sentir-se ameaçada.

O requisitante do cargo, geralmente o gerente do departamento solicitante, pode participar da dinâmica de grupo e analisar os participantes *in loco*. Nesse caso, o requisitante deve participar de todos os estágios da dinâmica, desde sua elaboração até a análise dos resultados. Ele terá mais condições de apontar o candidato que corresponde às suas expectativas, combinadas com a cultura organizacional.

Deve-se observar que nem sempre quem leva vantagem é o vencedor da dinâmica. Passa por essa etapa o candidato que conviver melhor em grupo, de acordo com a cultura da empresa requisitante.

A melhor alternativa para o candidato é interagir de forma espontânea, pois os selecionadores frequentemente percebem quando os candidatos tentam mostrar excesso de dinamismo. Não se observa apenas se o participante lidera o grupo, mas de que forma ele o faz.

A dinâmica de grupo torna-se uma importante ferramenta em uma época em que o trabalho em equipe tem sido privilegiado.

Exame Médico

Quando o exame médico faz parte do processo de seleção, ele é sempre eliminatório, uma vez que se trata de exame específico, ligado à função. Por exemplo: os candidatos a operadores de telemarketing fazem exames específicos com um otorrinolaringologista, pois se apresentarem acuidade auditiva inferior ao limite estabelecido pela ocupação não poderão exercer a função. Tal exame não se refere ao exame admissional, que é de obrigatoriedade para todos os colaboradores quando são contratados, independentemente da função.

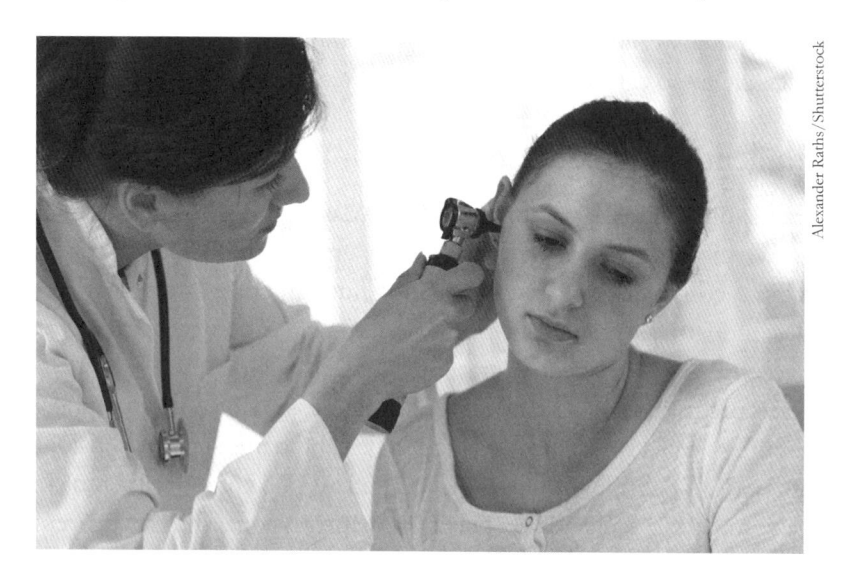

Alexander Raths/Shutterstock

Alguns cargos podem exigir coleta de dados diferenciada. Por exemplo: para a contratação de um gerente financeiro, há necessidade de se averiguar a idoneidade do candidato, o que será viabilizado por meio de uma consulta ao Serviço de Proteção ao Crédito (SPC) ou órgãos afins.

Com o resultado de todas essas etapas, é possível prever o comportamento e o desempenho de um indivíduo em uma determinada função. Pode-se verificar se a previsão foi satisfatória acompanhando seu desempenho.

Cabe observar que quem faz a seleção é a empresa, mas o candidato também deve escolher a empresa. O contrato é uma espécie de casamento, que depende da vontade dos dois.

Seleção por Competências

Adotada por várias empresas, a base da seleção por competências está na definição das competências organizacionais identificadas a partir dos *stakeholders*.

As competências organizacionais são definidas como o conjunto da história da empresa, missão, visão, valores, princípios, políticas de qualidade, cultura, tecnologia, gestão e conhecimento de pessoal, estrutura, método, sistema gerencial etc. As competências organizacionais farão com que os objetivos organizacionais sejam atingidos (BANOV, 2010, p. 31).

Por meio das competências organizacionais, a empresa define as competências que buscará em seus candidatos no processo seletivo.

As competências individuais que serão rastreadas nos candidatos se compõem de um conjunto composto por **c**onhecimentos, **h**abilidades e **a**titudes, conhecido como **CHA**, cujos candidatos desejados pela empresa devem possuir e devem estar relacionadas ao cargo e atreladas às competências organizacionais.

Recrutamento e Seleção Estratégicos

O grande diferencial das empresas decorre das decisões estratégicas sobre as pessoas. As empresas levam em consideração a grande mobilidade do mercado de trabalho e constatam que os empregados flutuam entre as diversas áreas de atividades (indústria, serviços, liberal, autônomo etc.) e, com isso, cada vez mais a divulgação de vagas deve considerar essa flutuação do mercado.

O desemprego é um dos grandes causadores desse pânico do mercado, visto no subemprego e na captação mal planejada de candidatos superdimensionados, em muitos casos determinada pela violenta mudança no comportamento empresarial, na competição acelerada ou pela falta de profissionalismo no processo de recrutamento e de seleção de candidatos.

Do ponto de vista estratégico, a prática viável é aquela que recruta e seleciona candidatos, observando:

> o negócio (ameaças e oportunidades);
> a descrição e as especificações de cargo que identifique as necessidades da organização;
> as responsabilidades profissionais do cargo;
> a utilização adequada dos recursos disponíveis para a divulgação da vaga;
> os melhores resultados no menor tempo e com critérios sólidos;
> o requisitante como fator crítico do sucesso do processo final. O requisitante deve saber solicitar a vaga, entrevistar e selecionar em conjunto com a área de Recursos Humanos, de maneira que o processo não crie gargalos por falta ou excesso de informações.

As empresas precisam adotar novas posturas quando o recrutamento e a seleção forem necessários. Deve-se considerar que o trabalho é realizado em um ambiente de autoridade, poder e influências, em que o gestor detém as informações que podem ajudar ou não o processo de captação de candidatos. Portanto, a devida orientação aos gestores é condição básica para o aprimoramento do processo e da racionalidade da contratação.

A empresa que adotar o planejamento estratégico no recrutamento e na seleção de candidatos terá como pressuposto a valorização da integração de esforços entre o requisitante da vaga e o setor prestador de serviços de Recursos Humanos. Essa abrangência estimula e proporciona condições que facilitam o alcance de suas expectativas.

✓ Contratação e Admissão

O processo de contratação é aquele em que o candidato é escolhido entre os entrevistados, avaliado e, conforme o perfil do cargo, é o potencial ocupante daquela posição de trabalho. Isso requer responsabilidade solidária entre a área de Recursos Humanos e o requisitante da vaga.

Muitas empresas esperam que a área de Recursos Humanos defina os ocupantes do cargo por meio de critérios que não condizem com o que realmente a empresa necessita. O requisitante é o mais importante nesse processo, pois enquanto o RH opina e recomenda as melhores alternativas, o requisitante é quem deve formar os seus conceitos a respeito dos candidatos escolhidos e decidir pela melhor opção, com foco no seu negócio, ou seja, na contribuição do seu departamento para o planejamento estratégico da empresa.

O processo decisório de uma contratação leva em consideração:

➤ a necessidade da empresa quanto à expansão de seus negócios, substituição de posto de trabalho, criação ou alteração de cargos/departamentos;
➤ o custo da divulgação da vaga e captação de candidatos;
➤ o tempo para seleção, aplicação de testes e entrevistas com os candidatos selecionados e respectivos custos;
➤ o custo relacionado ao tempo que é necessário para a efetivação do processo de alocação de mão de obra;
➤ a socialização do candidato na empresa.

Cabe à área de Recursos Humanos orientar o requisitante no planejamento de ações que viabilizem a atualização periódica dos requisitos do cargo e, consequentemente, a simplificação do procedimento de requisição de pessoal para que, juntos, possam atingir resultados mais objetivos na contratação dos candidatos.

Admissão

O candidato, depois de contratado, é encaminhado pelo requisitante para o RH, que dará encaminhamento aos documentos legais (pessoais e profissionais) que ele deve providenciar. O candidato contratado deve ser orientado sobre a importância dos documentos constarem como regulares junto aos diversos órgãos públicos.

A legislação trabalhista exige que todo trabalho formalizado (CLT) seja precedido de diversos registros trabalhistas, previdenciários e relacionado com a Receita Federal. Observa-se que a CLT traz em seu texto a palavra "admite": "Art. 2º – Considera-se empregador a empresa, individual ou coletiva, que, assumindo os riscos da atividade econômica, **admite**, assalaria e dirige a prestação pessoal de serviço". (Grifo nosso)

Os requisitos legais para a palavra "admite" são a comprovação de regularidade dos documentos legais do candidato e sua aptidão médica para o exercício das atividades do cargo (Atestado de Saúde Ocupacional – ASO[10]), documento expedido pelo médico do trabalho contratado pela empresa, sob pena do processo admissional não ser concretizado.

A admissão se concretiza quando os documentos legais são apresentados e o responsável do setor de Recursos Humanos providencia em tempo certo os devidos registros legais.

Outros modelos de contratos que por sua natureza jurídica se distanciam da relação de emprego formal são reconhecidos pela legislação como: terceirização, cooperados, temporários, portadores de deficiência, autônomos, aprendiz, estagiários e domésticos. Contudo, é importante observar que cada modelo apresenta características singulares que precisam de avaliação criteriosa pelos gestores e RH, para evitar a criação de vínculo empregatício na sua execução.

Terceirização

A terceirização é uma estratégia empresarial que consiste em repassar atividades para empresas especializadas no assunto, que possam oferecer soluções com mais qualidade e produtividade com um menor custo.

Uma tendência é que algumas empresas especializadas em terceirização surjam dissidentes das próprias empresas contratantes, alocando a mão de obra que conhece o produto e que esteja disponível para essa finalidade.

---

10 Previsto na Norma Regulamentadora (NR) nº 7 – Programa de Controle Médico de Saúde Ocupacional – PCMSO (7.4.4) e art. 168 "I" da Consolidação das Leis do Trabalho (CLT).

Com a visão de parceria, as empresas de terceirização visam acompanhar a qualidade, a produtividade e a competitividade, pois as empresas contratantes procuram aquelas que possam suprir mais adequadamente as suas necessidades.

Aspectos positivos na contratação da terceirização:

> otimização dos serviços;

> melhoria na administração do tempo na empresa;

> menor custo operacional fixo;

> mudança da avaliação do desempenho individual para a avaliação do processo;

> aumento da especialização do processo.

Aspectos negativos na contratação da terceirização:

> risco na administração da empresa e dos serviços;

> mudança da estrutura de poder e autoridade dos serviços;

> responsabilidade quanto aos aspectos legais da terceirização;

> compartilhar conhecimentos com os terceiros.

No Brasil, a terceirização ainda é considerada um contrato de risco, pois a legislação que conceitua a relação entre empregado e empregador limita a relação com a terceirização.

O Projeto de Lei n° 4.330/2004, que regulamenta a terceirização (altera a Súmula 331 do TST), foi aprovado pela Câmara dos Deputados em abril de 2015 e, até o momento da edição desta obra, aguarda a finalização de procedimentos institucionais pelo Senado Federal.

Tabela 3.1

Principais pontos do PL que regulamenta os contratos de terceirização e as relações de trabalho deles decorrentes

	Atualmente	Projeto de Lei n° 4.330/2004
Responsabilidade das empresas envolvidas	A contratante poderá ser acionada na Justiça se a contratada não pagar os direitos trabalhistas e previdenciários (responsabilidade subsidiária).	A contratante tem obrigação de fiscalizar se a contratada está em dia com salários, férias, vale-transporte, FGTS e outros direitos trabalhistas (responsabilidade solidária).
Atividade que pode ser terceirizada	A terceirização é permitida somente em atividade-meio.	As empresas podem contratar trabalhadores terceirizados em qualquer ramo de atividade para execução de qualquer tarefa, seja atividade-fim ou meio.

Filiação sindical	A filiação sindical é livre, mas a Justiça trabalhista tem reconhecido a submissão do contrato de trabalho a acordos e convenções coletivas com o sindicato da atividade preponderante da contratante, se a terceirização for considerada irregular ou ilegal.	Os empregados da contratada serão representados pelo mesmo sindicato dos empregados da contratante, apenas se o contrato de terceirização for entre empresas que pertençam à mesma categoria econômica, garantindo os respectivos acordos e convenções coletivas de trabalho.
Troca de empresa	Não é regulamentado. Prejuízos ao trabalhador são julgados a cada caso.	Se houver troca de empresa prestadora dos serviços terceirizados com admissão de empregados da antiga contratada, os salários e os direitos do contrato anterior deverão ser garantidos.
Garantia	Não é regulamentado.	A contratada deverá fornecer garantia de 4% do valor do contrato, limitada a 50% de um mês de faturamento.
Acesso a restaurante, transporte e outros benefícios	Não é regulamentado.	Os trabalhadores terceirizados têm direito às mesmas condições oferecidas aos empregados da contratante: alimentação, transporte, atendimento médico ambulatorial e cursos e treinamentos, quando necessários.
Recolhimento antecipado de tributos	Não há regulamentação.	A contratante deverá recolher antecipadamente parte dos tributos devidos pela contratada.

Conforme essas definições, para caracterizar a relação empregatícia é necessário ser pessoa física, não haver eventualidade na prestação de serviço, ter subordinação por uma hierarquia definida, ser recompensado pelo trabalho por meio de uma remuneração e prestar o serviço pessoalmente.

Antes de pensar em terceirizar, é necessário que as empresas façam um planejamento que defina os pontos cruciais do processo de terceirização, pois não é somente com a redução de custo operacional que a empresa ganhará com o processo, mas com o aumento da qualidade e da produtividade, índices suficientes para justificar a diminuição do custo da empresa.

Cooperados

A contratação dessa modalidade de serviço se dá por meio de uma constituição jurídica chamada cooperativa, que nasce com membros associados autônomos e permanece dessa forma até o final. As atribuições são divididas, respeitando-se a igualdade, e os membros associados são remunerados também igualmente, atendendo à legislação. É normalmente atribuída a função de direção a um dos componentes, mas sem a titulação de "patrão". Na prestação desse

tipo de serviço, não deve haver continuidade nem subordinação na empresa contratante; caso contrário, descaracteriza-se o trabalho cooperado.

> Art. 442 – Contrato individual de trabalho é o acordo tácito ou expresso, correspondente à relação de emprego.
>
> Parágrafo único – Qualquer que seja o ramo de atividade da sociedade cooperativa, não existe vínculo empregatício entre ela e seus associados, nem entre estes e os tomadores de serviços daquela. (red. Lei nº 8.949/1994, DOU, 09/12/94)

As cooperativas são comuns entre serviços da educação (professores), saúde (médicos) e outros serviços que, de alguma forma, atendem às exigências legais e não infrinjam os preceitos da relação capital e trabalho.

Temporários

O trabalho temporário é regido pela Lei nº 6.019/1974, e essa modalidade de contratação é feita para serviços com prazo determinado para início e término. São normalmente utilizados em empresas cujo produto é sazonal, ou seja, em tempo oportuno para fabricação e venda, por exemplo: verão (empresas de refrigerantes e cervejas, sorvetes, confecção e outros produtos), inverno (empresas de chocolates, confecção e outros).

As empresas que fornecem a mão de obra temporária são constituídas juridicamente para esse fim, atendendo às principais disposições legais:

➤ atividade transitória na empresa contratante e que esteja devidamente apta;

➤ contrato de trabalho escrito, inclusive com registro na Carteira de Trabalho e Previdência Social do trabalhador na condição de temporário;

➤ prazo máximo de três meses para a prestação de serviço, salvo autorização do Ministério do Trabalho;

➤ remuneração equivalente à recebida pelos empregados da empresa contratante;

➤ todas as garantias trabalhistas previstas pela CLT (férias proporcionais, repouso semanal remunerado, adicional por trabalho noturno, indenização por dispensa sem justa causa ou término do contrato, correspondente a 1/12 do pagamento recebido, seguro contra acidente do trabalho, proteção da Previdência Social, 13º salário, salário-família e demais reflexos quando da rescisão do contrato de trabalho);

➤ as empresas de trabalho temporário são obrigadas a fornecer às empresas tomadoras, a seu pedido, comprovante de regularidade da situação com o Instituto Nacional de Previdência Social;

> a Fiscalização do Trabalho pode exigir da empresa tomadora de serviços temporários a apresentação do contrato celebrado com a empresa de trabalho temporário e desta, o contrato celebrado com o trabalhador e respectivo comprovante de recolhimento das contribuições previdenciárias;
> cabe também à empresa tomadora de serviços temporários exigir da outra parte a comprovação dos recolhimentos trabalhistas.

Pessoas com Deficiência

A Constituição Federal promove a igualdade de direitos e oportunidades e estabelece a proibição de discriminação quanto a salário e critérios de admissão do trabalhador com deficiência.[11]

A Lei nº 8.213/1991 dispõe sobre o Plano de Benefícios da Previdência Social, que, por meio do art. 93, obriga as empresas com cem ou mais trabalhadores, independentemente do segmento, a contratarem pessoas habilitadas para preencher 2% a 5% dos seus cargos.

Ressalta-se que a empresa não deve fazer a contratação da pessoa com deficiência simplesmente para cumprir as cotas estabelecidas pela legislação. Deve preparar o colaborador e a equipe, por meio de programas de socialização e treinamentos, para que isso seja aceito por todos. Ganha a empresa, que agregará valor com a diversidade, e o colaborador, que poderá de fato exercer as competências exigidas no cargo que ocupará.

Autônomos

Essa modalidade de contratação é segurada pela Previdência Social e caracterizada por trabalho avulso, por tempo determinado e que não infrinja a legislação trabalhista. Para ser autônomo, o indivíduo precisa de um registro na prefeitura de sua localidade, que avaliará as suas competências e fará a verificação se ele se enquadra na relação de profissões que podem requerer registro de autônomo. É o típico "trabalho por conta própria".

---

11 Adotam-se as expressões "pessoas com necessidades especiais" ou "pessoa especial". Elas demonstram uma transformação de tratamento, que vai da invalidez e incapacidade à tentativa de nominar a característica peculiar da pessoa, sem estigmatizá-la. A expressão "pessoa com necessidades especiais" é um gênero que contém as pessoas com deficiência, mas também acolhe os idosos, as gestantes e qualquer situação que implique tratamento diferenciado. Igualmente se abandona a expressão "pessoa portadora de deficiência" com uma concordância em nível internacional, visto que as deficiências não se portam, estão com a pessoa ou na pessoa que tem sido motivo para que se use, mais recentemente, conforme se fez ao longo de todo o texto, a forma "pessoa com deficiência" (www.mtps.gov.br).

Aprendiz

É a modalidade de contrato de trabalho que se denomina "contrato de aprendizagem", por prazo determinado, em que a empresa contratante se compromete a assegurar ao maior de 14 anos e menor de 24 anos, inscritos no programa de aprendizagem, a formação técnica e profissional.

O contrato de aprendizagem deve ser firmado por escrito, com prazo determinado (não superior a dois anos), não pode ter uma jornada de trabalho que exceda os limites legais e ser garantido um salário mínimo proporcional por hora trabalhada, extinguindo-se no seu termo ou quando o aprendiz completar 18 anos.

Estagiários

De acordo com a Lei nº 11.788, de 25 de setembro de 2008, as empresas privadas, órgãos da administração pública direta, autarquias, bem como profissionais liberais de nível superior devidamente registrados em seus respectivos conselhos de fiscalização profissional, poderão contratar na modalidade de estagiário aluno regularmente matriculado em curso vinculado ao ensino público ou particular, desde que obedeçam aos seguintes critérios:

➤ Apenas estudantes que estejam frequentando o ensino regular, superior, educação profissional, de ensino médio, educação especial e dos anos finais do ensino fundamental na educação de jovens e adultos (EJA).

➤ Deve ser elaborado um termo de compromisso entre as partes (empresa, estagiário e instituição de ensino). A instituição de ensino intervém para que sejam cumpridas as exigências legais.

➤ Não há vínculo empregatício entre estagiário e empresa contratante. Da mesma forma, a empresa não é obrigada a pagar nenhum valor pelo desenvolvimento das atividades, e sua única exigência legal é a contratação de seguro de vida e acidentes pessoais compatível com o mercado e respectivo registro da apólice no termo de compromisso.

➤ Na existência de pagamento, é considerado "bolsa" para o estudante.

➤ A duração do estágio na mesma concedente não poderá ser superior a dois anos, exceto para estudantes com deficiência.

➤ O estágio deve ser realizado em horário que não coincida com o horário de aula e de provas.

➤ O estágio deve ser acompanhado efetivamente pelo professor orientador da instituição de ensino e também pelo supervisor da parte concedente, sempre comprovado por vistos em relatório específico.

➤ Recesso remunerado (caso o estagiário receba bolsa) de 30 dias, a ser gozado preferencialmente durante as suas férias escolares.

As empresas se beneficiam com essa contratação, pois a responsabilidade dela é somente atender à exigência de uma apólice de seguro de acidentes pessoais para o estagiário.

O aspecto social é que deve ser lembrado, pois a legislação é clara quanto à má utilização da mão de obra de estagiários com o intuito de diminuir o custo operacional da folha de pagamento. A fiscalização é rígida quanto a esse aspecto e pune aquelas empresas que não cumprem as disposições legais.

Se bem entendida a legislação, a empresa pode formar futuros talentos, papel importantíssimo da área de Recursos Humanos, que deve conduzir essa prática como política de desenvolvimento de carreira desses alunos. Muitos talentos são descobertos em uma simples contratação de estagiário; os aspectos motivacionais de início de trabalho favorecem a empresa que consegue identificar as oportunidades nesse mercado promissor de estudantes.

Domésticos

É aquele que presta serviço doméstico de natureza contínua (Lei nº 5.859, de 11 de dezembro de 1972).

Com a aprovação da Lei Complementar nº 150, de 1º de junho de 2015, que regulamentou a Emenda Constitucional nº 72/2013 (PEC nº 66/2012), os empregados domésticos passaram a gozar de novos direitos.

Direitos dos Empregados Domésticos

Carteira de Trabalho e Previdência Social

Devidamente assinada, especificando-se as condições do contrato de trabalho (data de admissão, salário e condições especiais, se houver). Devem ser efetuadas no prazo de 48 horas após a entregar da carteira pelo empregado, quando da sua admissão.

A data de admissão a ser anotada corresponde à do primeiro dia de trabalho, mesmo em contrato de experiência (artigo 5º do Decreto nº 1.885, de 9 de março de 1973, e artigo 29, § 1º, da CLT).

Salário mínimo

Fixado em lei – artigo 7º, parágrafo único, da Constituição Federal.

Irredutibilidade Salarial

Artigo 7º, parágrafo único, da Constituição Federal.

Jornada de Trabalho

A jornada de trabalho estabelecida pela Constituição Federal de 1988 é de até 44 horas semanais e, no máximo, oito horas diárias. Os empregados domésticos podem ser contratados em tempo parcial e, assim, trabalhar jornadas inferiores às 44 horas semanais e recebem salário proporcional à jornada trabalhada.

Mediante acordo escrito entre empregador e empregado doméstico, pode ser adotada a jornada de 12 × 36, que consiste em o empregado trabalhar por 12 horas seguidas e descansar por 36 horas ininterruptas.

Conforme a Lei Complementar nº 150/2015, o intervalo intrajornada pode ser concedido ou indenizado. Assim, se o empregado trabalhar as 12 horas seguidas, sem intervalo, terá direito a receber o valor de 1 hora com o adicional de 50%. O descanso semanal, os feriados e as prorrogações do horário noturno, quando houver, já estão compensados na jornada 12 × 36. Essa jornada é mais comum, na relação de emprego doméstico, para os empregados que trabalham como cuidadores de idosos ou de enfermos.

A lei estabelece a obrigatoriedade da adoção do controle individual de frequência. Além disso, a jornada deve ser especificada no contrato de trabalho.

Hora Extra

O adicional respectivo será de, no mínimo, 50% a mais que o valor da hora normal, conforme consta no artigo 7º, parágrafo único, da Constituição Federal.

Quando da ocorrência de jornada extraordinária, tem de haver o pagamento de cada hora extra com o acréscimo de, pelo menos, 50% sobre o valor da hora normal. O valor da hora normal do empregado é obtido pela divisão do valor do salário mensal (bruto) pelo divisor correspondente. O valor encontrado deverá ser acrescido de 50%, encontrando-se o valor da hora extraordinária.

Banco de Horas

A lei institui o regime de compensação de horas extraordinárias (banco de horas) para o empregado doméstico, com as seguintes regras:

a. será devido o pagamento das primeiras 40 horas extras excedentes ao horário normal de trabalho;

b. as primeiras 40 horas poderão ser compensadas dentro do próprio mês, em função de redução do horário normal de trabalho ou de dia útil não trabalhado;

c. o saldo de horas que excederem as primeiras 40 horas mensais poderá ser compensado no período máximo de um ano;

d. na hipótese de rescisão do contrato de trabalho sem que tenha havido a compensação integral da jornada extraordinária, o empregado fará jus ao pagamento das horas extras não compensadas, calculadas sobre o valor da remuneração na data de rescisão.

Remuneração de Horas Trabalhadas em Viagem a Serviço

Os empregados domésticos que prestarem seus serviços acompanhando o empregador doméstico em viagem a serviço terão computadas as horas efetivamente trabalhadas na viagem e terão direito a receber um adicional de, no mínimo, 25% sobre o valor da hora normal para cada hora trabalhada em viagem. O pagamento do adicional pode ser substituído pelo acréscimo no banco de horas, mediante prévio acordo entre as partes. Nesse caso, por exemplo, se o empregado trabalhou 10 horas em viagem a serviço, terá direito a crédito de 12,5 horas em seu banco de horas e ele será utilizado a critério do empregado.

Intervalo para Repouso ou Alimentação

Para a jornada de oito horas diárias, o intervalo para repouso ou alimentação será de, no mínimo, uma e, no máximo, duas horas. Mediante acordo escrito entre empregado e empregador, o limite mínimo de uma hora pode ser reduzido para 30 minutos.

Quando a jornada de trabalho não exceder seis horas, o intervalo concedido será de 15 minutos.

O empregado poderá permanecer na residência do empregador durante o intervalo para repouso ou alimentação (não computado como trabalho efetivo); entretanto, se o período de descanso for interrompido para o empregado prestar serviço, será devido o adicional de hora extraordinária.

No caso de empregado que reside no local de trabalho, o período de intervalo poderá ser desmembrado em dois períodos, desde que cada um deles tenha, no mínimo, uma hora, até o limite de quatro horas ao dia. Os intervalos concedidos pelo empregador, não previstos em lei, são considerados tempo à disposição, por isso, devem ser remunerados como serviço extraordinário, se acrescidos ao final da jornada (Enunciado nº 118, do Tribunal Superior do Trabalho – TST).

Adicional Noturno

O empregador doméstico tem de pagar o adicional noturno ao empregado doméstico que trabalhe no horário noturno, assim entendido aquele que é

exercido das 22 horas de um dia às 5 horas do dia seguinte. A remuneração do trabalho noturno deve ter acréscimo de, no mínimo, 20% sobre o valor da hora diurna.

Além do pagamento do adicional noturno, o cômputo da quantidade de horas trabalhadas nesse horário é feito levando-se em conta que a hora dura apenas 52 minutos e 30 segundos. Isso significa, na prática, que sete horas contadas no relógio integralmente realizadas no período noturno correspondem a oito horas trabalhadas.

É importante que se o empregado prorrogar sua jornada, dando continuidade ao trabalho noturno, essa prorrogação será tida como trabalho noturno, mesmo o trabalho sendo executado após às 5 horas.

Descanso Semanal Remunerado

Deve ser concedido ao empregado doméstico descanso semanal remunerado (DSR) de, no mínimo, 24 horas consecutivas, preferencialmente aos domingos, além de descanso remunerado em feriados. O descanso semanal deve ser concedido de forma a que o empregado doméstico não trabalhe sete dias seguidos e, havendo trabalho aos domingos, que esse descanso recaia no domingo no máximo na sétima semana (Portaria nº 417, de 10 de junho de 1966, com as alterações da Portaria nº 509, de 16 de junho de 1967) e, se for empregado doméstico, o descanso deve coincidir com o domingo, no máximo a cada duas semanas (artigo 386, da CLT).

Feriados Civis e Religiosos

Terão direito de folgar nos feriados nacionais, estaduais e municipais. Caso haja trabalho nesses feriados, o empregador deve proceder ao pagamento do dia em dobro ou conceder uma folga compensatória em outro dia da semana (artigo 9º, da Lei nº 11.324/2006, e artigo 9º, da Lei nº 605/1949).

Os empregados contratados para trabalhar na jornada 12 × 36 já têm compensados os feriados trabalhados.

Férias de 30 dias

Terão direito a férias de 30 dias e remuneradas com, pelo menos, um terço a mais que o salário normal, após cada período de 12 meses de serviço prestado à mesma pessoa ou família, contado da data da admissão (período aquisitivo).

O período de concessão das férias é fixado a critério do empregador e deve ocorrer nos 12 meses subsequentes ao período aquisitivo.

O empregado poderá requerer a conversão de um terço do valor das férias em abono pecuniário, desde que o faça até 30 dias antes do término do período aquisitivo. O pagamento da remuneração das férias será efetuado até dois dias antes do início do respectivo período de gozo.

O período de férias poderá, a critério do empregador, ser fracionado em até dois períodos, sendo um deles de, no mínimo, 14 dias corridos.

Caso o empregado doméstico resida no local de trabalho, é a ele permitida a permanência no local durante o período de suas férias, mas ele não deve desempenhar suas atividades nesse período.

No término do contrato, exceto no caso de dispensa por justa causa, o empregado terá direito à remuneração equivalente às férias proporcionais (Convenção nº 132 da Organização Internacional do Trabalho [OIT], promulgada pelo Decreto Presencial nº 3.197, de 5 de outubro de 1999, e artigos nº 146 a 148, da CLT).

13º Salário

Essa gratificação é concedida anualmente em duas parcelas. A primeira, entre os meses de fevereiro e novembro, no valor correspondente à metade do salário do mês anterior, e a segunda, até o dia 20 de dezembro, no valor da remuneração de dezembro, descontado o adiantamento feito. Se o empregado quiser receber o adiantamento, por ocasião das férias, deverá requerer no mês de janeiro do ano correspondente (artigo 7º, parágrafo único, da Constituição Federal, Lei nº 4.090, de 13 de julho de 1962, e regulamentada pelo Decreto nº 57.155, de 3 de novembro de 1965).

A emissão do recibo de pagamento do adiantamento e da parcela final pode ser feita mediante a utilização no Módulo do Empregador Doméstico do sistema de controle eSocial.

Licença-maternidade (Licença Gestante)

Após o parto, a mulher terá direito à licença-maternidade, sem prejuízo do emprego e do salário, com duração de 120 dias (artigo 7º, parágrafo único da Constituição Federal). Durante a licença, a segurada receberá diretamente da Previdência Social, em valor correspondente à sua última remuneração, observado o teto máximo da Previdência.

O salário maternidade é devido independentemente de carência, isto é, com qualquer tempo de serviço. É devida também à segurada que adotar ou obtiver guarda judicial para fins de adoção de criança.

No período de salário maternidade da segurada, caberá ao empregador recolher a parcela do seguro de acidente de trabalho e a contribuição previdenciária a seu cargo, sendo que a parcela devida pela empregada será descontada pelo Instituto Nacional do Seguro Social (INSS) no benefício. O FGTS e a indenização compensatória pela perda de emprego também deverão ser recolhidos pelo empregador durante a licença-maternidade.

Licença-paternidade

De cinco dias corridos, para o empregado, a contar da data do nascimento do filho (artigo 7º, parágrafo único, da Constituição Federal, e artigo nº 10, § 1º, das Disposições Constitucionais Transitórias).

Auxílio-doença

Será pago pelo INSS a partir do primeiro dia de afastamento. Esse benefício deverá ser requerido, no máximo, até 30 dias após o início da incapacidade. Caso o requerimento seja feito depois do 30º dia de afastamento da atividade, o auxílio-doença só será concedido a contar da data de entrada do requerimento (artigo nº 72 do Decreto nº 3.048, de 6 de maio de 1999).

Vale-transporte

Assegurado pela Lei nº 7.418, de 16 de dezembro de 1985, e regulamentada pelo Decreto nº 95.247, de 17 de novembro de 1987.

A Lei Complementar nº 150, de 2015 permite ao empregador doméstico a substituição do vale-transporte pelo pagamento em dinheiro para a aquisição das passagens necessárias ao seu deslocamento no trajeto residência-trabalho e vice-versa.

Estabilidade (Gravidez)

Prevista pela Lei nº 11.324, de 19 de julho de 2006.

Terá direito à estabilidade desde a confirmação da gravidez até cinco meses após o parto. Isso significa que ela não poderá ser dispensada (artigo nº 25 da Lei Complementar nº 150/2015). Mesmo que essa confirmação ocorra durante o prazo do aviso-prévio trabalhado ou indenizado, a empregada doméstica tem direito a essa estabilidade.

Fundo de Garantia do Tempo de Serviço

A Lei Complementar nº 150/2015 obriga a inclusão dos empregados domésticos no FGTS, mas essa inclusão só teve de ocorrer 120 dias após sua edição. Com isso, a partir da competência outubro de 2015, o empregador é obrigado a recolher o FGTS equivalente a 8% sobre o valor da remuneração paga. O recolhimento será feito mediante a utilização do Documento de Arrecadação do eSocial (DAE), gerado pelo Módulo do Empregador Doméstico (www.esocial.gov.br).

Seguro-desemprego

A Lei Complementar nº 150/2015 regulamentou que o seguro-desemprego é garantido aos que são dispensados sem justa causa. O Conselho Deliberativo do Fundo de Amparo ao Trabalhador (Codefat) regulamentou esse direito por meio da Resolução nº 754, de 26 de agosto de 2015.

O seguro-desemprego deverá ser requerido de 7 a 90 dias contados da data de dispensa, nas unidades de atendimento do Ministério do Trabalho ou órgãos autorizados.

Salário-família

O empregado de baixa renda terá direito ao recebimento do benefício, cujo valor depende da remuneração e do número de filhos com até 14 anos incompletos.

O empregador doméstico é quem paga o benefício e abate o valor pago, quando do recolhimento dos tributos devidos por ele. Esse pagamento teve início a partir da competência outubro de 2015 e a compensação dos valores pagos a título de salário-família é realizada diretamente no Módulo do eSocial no momento de preenchimento da folha de pagamento do mês.

Para a obtenção do direito, o empregado doméstico tem de apresentar ao empregador cópia da certidão de nascimento dos filhos.

Aviso-prévio

Previsto no artigo 7º, parágrafo único da Constituição Federal, e nos artigos 487, § 1º e 2º da CLT, e artigo nº 23 da Lei Complementar nº 150/2015.

Aposentadoria

Previsto no artigo 7º, parágrafo único, da Constituição Federal.

Integração à Previdência Social

Previsto no artigo 7º, parágrafo único, da Constituição Federal.

Relação de Emprego Protegida contra Despedida Arbitrária ou Sem Justa Causa

A garantia da relação de emprego é feita mediante o recolhimento mensal, pelo empregador, de uma indenização correspondente ao percentual de 3,2% sobre o valor da remuneração do empregado. Havendo rescisão de contrato que gere direito ao saque do FGTS, o empregado também saca o valor da indenização depositada.

✓ Estudo de Caso

As atividades começam a ficar mais complexas com o surgimento de mais convênios médicos querendo se associar à clínica. Os funcionários começam a se perder em suas responsabilidades. O foco agora é determinar os requisitos necessários para cada cargo e profissionalizar o processo de recrutamento e seleção dos novos funcionários, atendendo ao mínimo necessário do perfil da vaga.

As secretárias não possuem experiência administrativa para dar prosseguimento a essa nova filosofia; consequentemente, não dispõem de tempo suficiente para buscar conhecimento na legislação trabalhista, pelo fato de não terem bem definidas as responsabilidades de cada ocupante do cargo.

Elabore um plano de ação que contemple o melhor desenho de cargo, o recrutamento adequado, as técnicas de seleção e a melhor forma de contratação. Justifique.

✓ Exercícios

1. Cite os principais critérios utilizados pelas organizações para descrever um cargo.
2. Pesquise a diferença entre a contratação e a admissão de um empregado em uma organização.
3. Segundo Minarelli (1995), um dos seis pilares da empregabilidade é o *networking*. De acordo com o estudado, como a área de Recursos Humanos trabalha com esse pilar?

4. Observe um(a) colaborador(a) e trace o perfil do cargo que ele(a) ocupa na empresa.

5. Solicite que escolham e justifiquem três meios de divulgação do conteúdo da vaga do perfil traçado na questão 1.

6. Elabore o conteúdo da divulgação da vaga.

7. Elabore quatro questões para entrevistar o candidato, tendo como base o perfil traçado na questão 1. Justifique cada questão.

8. Elabore a prova prática.

9. A contratação do candidato pode ser de que maneira?

   a. Formal, conforme a CLT? Por quê?

   b. Terceirizada? Por quê?

   c. Por cooperativa? Por quê?

   d. Por temporário? Em que circunstância?

   e. Por autônomos? Por quê?

   f. Por estagiários? Por quê?

10. José Carlos, formado em Administração, soube da vaga para assistente administrativo por uma assessoria em Recursos Humanos. Enviou o seu currículo e foi chamado para uma entrevista. O futuro chefe deu uma rápida olhada em seu currículo, fez algumas perguntas e pediu-lhe que fizesse uma prova de matemática financeira. Ao corrigir a prova, contratou-o.

    a. Qual informação o texto passa sobre o cargo?

    b. Como ele foi recrutado?

    c. Por quais etapas do processo de seleção ele passou?

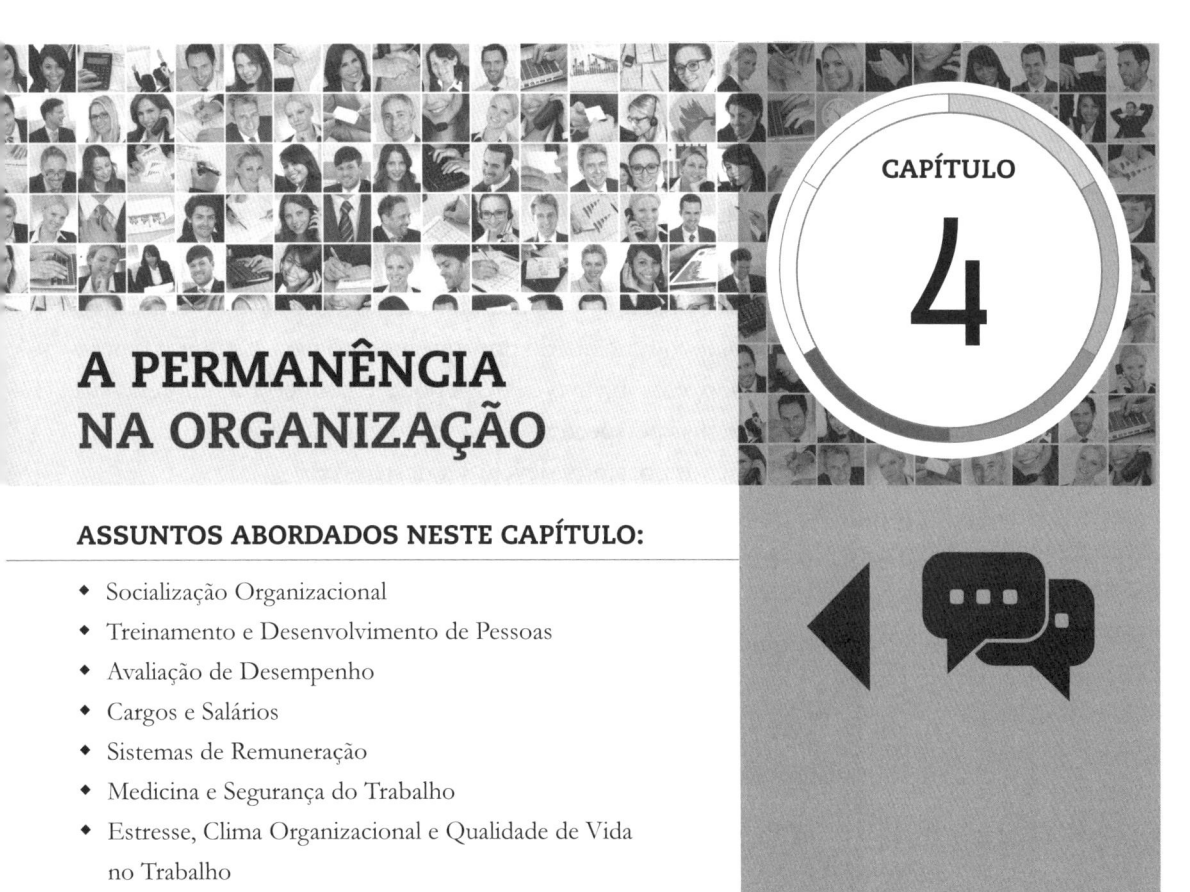

A PERMANÊNCIA NA ORGANIZAÇÃO

ASSUNTOS ABORDADOS NESTE CAPÍTULO:

* Socialização Organizacional
* Treinamento e Desenvolvimento de Pessoas
* Avaliação de Desempenho
* Cargos e Salários
* Sistemas de Remuneração
* Medicina e Segurança do Trabalho
* Estresse, Clima Organizacional e Qualidade de Vida no Trabalho

Para sustentar a estratégia organizacional, as empresas têm trabalhado muito seriamente nos processos de recrutamento e seleção, com vistas a diminuir cada vez mais a incidência de contratações insipientes, sem critérios profissionais e que invariavelmente alimentam os índices de rotatividade de funcionários (*turnover*).

Investir na adoção de políticas e de regras objetivas que tornem mais longa a permanência do funcionário é condição primordial para a eficácia do planejamento de Recursos Humanos.

Apesar de fortes evidências apontarem para o sucesso de um trabalho inicial de conscientização dos funcionários quanto às primeiras informações antes do início das atividades (socialização), mesmo assim a área de Recursos Humanos deve prover assistência aos funcionários, orientando-os continuamente sobre todos os aspectos circunscritos à relação de emprego.

✓ Socialização Organizacional

A socialização é um processo que tem como objetivo adaptar, integrar e comunicar o funcionário sobre padrões culturais e normas da organização.

Socialização Após a Contratação

A socialização é uma estratégia que visa ao aprendizado do novo funcionário na empresa e está relacionada às políticas de Gestão de Recursos Humanos. Todo início requer do novo funcionário um aquecimento para assumir a função para a qual foi admitido, e o objetivo desse período é conhecer a empresa, sua história, seus valores e suas perspectivas de desenvolvimento profissional.

Algumas percepções importantes devem ser destacadas:

a. É o primeiro contato, e real, com a empresa, seus valores, procedimentos e comportamentos esperados.

b. Prepara o espírito e reduz a ansiedade causada pela "estreia" ou por considerar-se um "estranho" na organização.

c. Fortalece o propósito de equipe e abre o primeiro canal de comunicação entre o funcionário e a empresa.

Assuntos abordados em uma socialização organizacional:

- história da empresa com sua trajetória de negócios;
- missão, visão e objetivos organizacionais;
- a estrutura hierárquica (breve relato da estrutura de autoridade e poder);
- políticas, normas e procedimentos (informações sobre a sistematização formal e informal na empresa);
- meios de comunicação existentes na empresa e suas funcionalidades;
- ética no trabalho;
- procedimentos do Departamento de Pessoal;
- planejamento de Recursos Humanos (treinamento e desenvolvimento de carreira, sistemas de remuneração, benefícios etc.).
- as pessoas que fazem parte da empresa.

O fator crítico na socialização organizacional está associado à forma e ao conteúdo de informações que o funcionário recebe no início da sua trajetória na empresa, pois quanto mais informações pertinentes à sua permanência ele obtiver, maiores poderão ser suas expectativas de desenvolvimento no trabalho.

Outro aspecto importante com o qual a área de Recursos Humanos tem se preocupado é o ingresso tanto de funcionários sem experiência quanto de funcionários já com experiências anteriores. As ansiedades são diferentes e, por isso, requerem um trabalho de conscientização que atinja as expectativas de ambos, procurando evitar qualquer evidência de ruídos no processo de comunicação e conscientização das pessoas.

Tabela 4.1

Ansiedades comuns do funcionário sem experiência e do funcionário experiente

Funcionário sem experiência	Funcionário experiente
➤ Ansiedade quanto ao desconhecido. ➤ Vida profissional iniciando. ➤ Medo do sucesso. ➤ Medo do fracasso.	➤ Paradigmas do passado. ➤ Fantasma do desemprego. ➤ Preocupação com a estabilidade. ➤ Aprender novamente.

> Nesse processo bidirecional, a adaptação é mútua, tendo em vista a busca de uma verdadeira simbiose entre as partes. Além de bidirecional, é recíproca, pois cada parte atua sobre a outra. O período inicial do emprego constitui uma fase crucial dessa adaptação e do desenvolvimento de um relacionamento saudável entre o novo membro e a organização. É um período lento e difícil de adaptação, no qual a rotatividade de pessoal costuma ser mais elevada do que nos demais outros períodos subsequentes. Nesse período, cada uma das partes aprende a se ajustar à outra. É uma aprendizagem recíproca em que ambas as partes procuram reduzir a incerteza a respeito da outra. (CHIAVENATO, 2004, p. 174)

Os programas de socialização para a integração do novo funcionário variam de acordo com a empresa, conforme sua cultura organizacional. Na empresa "A", o novo membro aprenderá com o mais antigo, enquanto na empresa "B" os novos integrantes passarão juntos por experiências de socialização por intermédio de um curso oferecido pela gerência. Muitas empresas possuem ainda um manual de integração do funcionário, que consiste na apresentação formal das normas de regulação que o funcionário deve observar com máxima atenção.

A Sanyo é um exemplo extremo de socialização para novos funcionários:

> Os novos empregados da Sanyo passam por um programa intenso de treinamento de cinco meses (os *trainees* comem e dormem em dormitórios subsidiados pela empresa e lhes é exigido que tirem férias juntos em complexos hoteleiros de propriedade da empresa) onde aprendem a maneira Sanyo de fazer tudo – de como falar com superiores até a apresentação pessoal e vestuário apropriado. (ROBBINS, 1999, p. 380)

Socialização durante a Permanência na Empresa

Nas empresas, o processo de socialização não ocorre apenas quando o funcionário inicia na organização, mas também quando troca de função, é transferido de departamento ou cresce na hierarquia, e ocorre indiretamente durante toda sua permanência na empresa por meio de treinamentos e outros programas de integração.

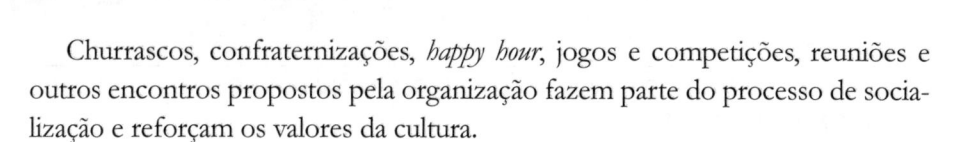

Churrascos, confraternizações, *happy hour*, jogos e competições, reuniões e outros encontros propostos pela organização fazem parte do processo de socialização e reforçam os valores da cultura.

Outra particularidade da socialização organizacional é o contrato psicológico.

> O contrato psicológico é um entendimento tácito entre o indivíduo e a organização a respeito de direitos e obrigações consagrado pelo uso e que serão respeitados e observados por ambas as partes. Ao contrário do contrato formal, o contrato psicológico não é escrito e muitas vezes nem é discutido ou esclarecido. Ele se refere à expectativa recíproca do indivíduo e da organização no qual prevalece o sentimento de reciprocidade: cada parte avalia o que está oferecendo e o que está recebendo em troca. Se desaparecer o sentimento de reciprocidade, ocorre uma modificação dentro do sistema. Os contratos psicológicos são desenvolvidos entre pessoas, grupos de pessoas ou organizações. (CHIAVENATO, 2004, p. 174)

Esse contrato se quebra quando a reciprocidade não é mais sentida, podendo ocorrer, inclusive, o desligamento do funcionário.

O método de socialização organizacional, além de agilizar a inserção do funcionário no ambiente, consegue reduzir possibilidades de conflitos, comuns nos primeiros tempos de adaptação; facilita o relacionamento entre as pessoas; abre espaço para uma comunicação mais eficiente, privilegiando a participação nas tomadas de decisão sem deixar de ter em mente o foco no negócio.

Cada vez mais, empresas inovadoras procuram, por meio do planejamento estratégico de Recursos Humanos, gerar condições favoráveis para que o funcionário se concentre em seu trabalho, crie, inove e traga novas soluções para o desenvolvimento organizacional e seu próprio desenvolvimento profissional.

✓ Estudo de Caso

Definido o plano de ação, a clínica começa a perceber que o tempo pode ser otimizado. Quanto à forma de recrutar e selecionar candidatos, as secretárias chegaram à conclusão de que, para manter a excelência do negócio, é necessário que todos os funcionários estejam comprometidos e apoiem as decisões tomadas.

A satisfação dos funcionários está muito próxima da percepção que eles têm do futuro profissional e o seu desenvolvimento, da mesma forma que a empresa espera que seus funcionários permaneçam por muito tempo trabalhando nela.

A partir dessas informações, como implantar alternativas que façam com que os funcionários identifiquem essa necessidade de comprometimento e trabalhem satisfeitos?

Justifique.

✓ Treinamento e Desenvolvimento de Pessoas

A seguir será abordado o treinamento e o desenvolvimento de pessoas que levam à capacitação profissional e desenvolvimento de planos de ascensão na carreira profissional.

Administrar pessoas está se tornando cada vez mais o ponto de equilíbrio entre a eficácia ou não dos resultados empresariais. Ao mesmo tempo que empresas incentivam os funcionários na busca do autoconhecimento e do aprimoramento específico de suas atividades, existem outras que ainda não valorizam a qualidade e a produtividade por meio do investimento nas pessoas.

Na prática, a área de Recursos Humanos desempenha o papel de avaliar e prover informações aos gestores sobre a necessidade de implementar planos de treinamento, incentivos ao desenvolvimento de pessoas e carreira ou corrigir desvios existentes que interferem no clima organizacional.

Para conseguir superar os desafios da concorrência e das mudanças ambientais, as empresas precisam assumir riscos, no sentido de treinar e acompanhar constantemente o desenvolvimento de seus funcionários.

Treinamento

Treinar significa qualificar, suprir carências profissionais e preparar a pessoa para melhorar seu desempenho na realização de atividades específicas do cargo que ocupa ou venha a ocupar. Portanto, o treinamento busca eliminar as lacunas de competências identificadas pelos gestores durante o processo periódico de avaliação de desempenho.

Algumas definições de treinamento:

> Treinamento é um processo de assimilação cultural a curto prazo, que objetiva repassar ou reciclar conhecimentos, habilidades ou atitudes relacionados diretamente à execução de tarefas ou à sua otimização no trabalho. (MARRAS, 2002, p. 145)
>
> Quase sempre o treinamento tem sido entendido como o processo pelo qual a pessoa é preparada para desempenhar de maneira excelente as tarefas específicas do cargo que deverá ocupar. Modernamente, o treinamento é considerado um meio de desenvolver competências nas pessoas para que elas se tornem mais produtivas, criativas e inovadoras a fim de contribuir para os objetivos organizacionais. (CHIAVENATO, 2004, p. 338)
>
> Treinamento é um processo sistemático para promover a aquisição de habilidades, regras, conceitos ou atitudes que resultem em uma melhoria da adequação entre as características dos empregados e as exigências dos papéis funcionais. (MILKOVICH, 2000, p. 338)

> O treinamento significa aumentar a capacidade cognitiva (aprendizado) das pessoas para produzir, aperfeiçoando a sua forma de entendimento e participando mais do ambiente no qual interagem. (FIDELIS, 2014, p. 84)

O treinamento produz mudanças no **CHA** de cada trabalhador.

Tipos de Treinamento

Existem dois tipos de treinamento: informal e formal. O informal é aquele que não é planejado ou estruturado. Geralmente, o gestor do departamento solicita a um funcionário mais experiente que ensine ao novo colaborador como desempenhar suas tarefas. Já o treinamento formal é planejado e estruturado.

Segundo Chiavenato (2004, p. 346), a necessidade de treinamento pode ser observada por meio de alguns indicadores. Eles podem ser:

a. **Na admissão de pessoal:** quando as pessoas são admitidas, há a necessidade de orientações quanto às atividades que envolvem o seu cargo dentro daquela organização. Existem empresas que usam o treinamento formal e outras, o informal.

b. **Na redução de funcionários:** quando a empresa precisa enxugar o seu quadro de funcionários, treinar os que não foram demitidos para executarem atividades daqueles que foram demitidos.

c. **Na atualização de equipamentos e tecnologias:** exige-se treinamento para as pessoas saberem lidar com equipamentos de forma adequada. Por exemplo: ao mudar os softwares, a empresa precisa prover recursos de treinamento para que seus funcionários aprendam a lidar com a nova solução tecnológica.

d. **No lançamento de novos produtos ou serviços:** toda vez que uma empresa lança um novo produto ou serviço, precisa providenciar o treinamento, de acordo com o cargo, para as pessoas conhecerem e saberem como trabalhar esse produto.

e. **Desperdício:** é necessário treinamento para a utilização adequada dos recursos materiais.

f. **Elevação do número de acidentes de trabalho:** muitas vezes estão relacionados à falta de conhecimento ou habilidade em lidar com certos equipamentos.

g. **Queixas no atendimento ao cliente:** pode ocorrer porque o funcionário não sabe como atendê-lo.

Os indicadores mais frequentes de resultados do treinamento são o aumento da produtividade, a melhoria na qualidade do trabalho, a redução de custos

operacionais, a aquisição de novos conhecimentos, o aumento das habilidades, a redução de acidentes e atos inseguros, e a melhoria do nível de satisfação no trabalho, de modo a elevar o clima organizacional.

Aspectos a Serem Considerados no Treinamento

Para que um treinamento obtenha resultados superiores, é necessário levar em consideração alguns pontos importantes:

a. **Prática:** o pragmatismo é imprescindível no treinamento, pois se não houver prática dos conhecimentos adquiridos não há como mudar o *status* anterior de resultados. Aplicar o que se aprende é fundamental para avaliar o desempenho e a respectiva eficácia do treinamento.

b. **Treinamento envolve mudanças de comportamento:** o objetivo da aprendizagem é provocar mudanças no comportamento das pessoas, pois o efeito esperado com o treinamento é uma postura mais consciente e dedicada ao desenvolvimento pessoal e profissional.

c. **Treinamento é diferente de aulas e informações**, pois envolve necessariamente a aplicabilidade do que se aprendeu, desenvolvendo melhores soluções nas práticas do trabalho.

d. **O uso do reforço positivo**[12] auxilia na aprendizagem, porque as pessoas aprendem melhor quando recebem estímulos imediatos ao seu novo comportamento.

e. **O treinamento deve ser ministrado por pessoas capacitadas e reconhecidas** na sua área de atuação profissional.

Grande parte das ações efetivas em aprimorar a capacidade laboral das pessoas esbarra no desconhecimento das vantagens de uma educação continuada, que capitalize o trabalho e rentabilize as organizações. Uma das metodologias existentes é a NBR ISO 10015:2001[13] – *Quality management – Guidelines for training*, que reforça o entendimento a respeito de um projeto de planejamento com aporte nas expectativas empresariais de retorno sobre o investimento em treinamento da mão de obra, podendo dar oportunidade de vantagem competitiva no âmbito do desenvolvimento das potencialidades humanas internas.

---

12 São aplicações de estímulos que fazem o comportamento das pessoas se repetir, tornando-as condicionadas. Esses estímulos podem ser elogios, admiração, reconhecimento, adicional de salário, promoção, entre outros que satisfaçam as necessidades psicológicas das pessoas.

13 Associação Brasileira de Normas Técnicas – Gestão da Qualidade – Diretrizes para Treinamento.

Figura 4.1

Interação dos diversos órgãos que representam a qualidade por meio do treinamento.

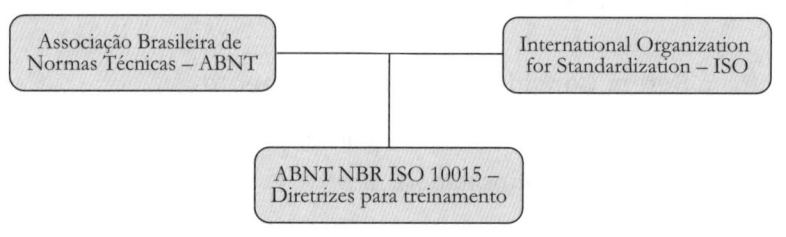

O documento enfatiza a importância da gerência de Recursos Humanos na adequação dos processos de treinamento das pessoas e que "as pessoas de todos os níveis da organização sejam treinadas de modo a atender ao compromisso da organização em fornecer produtos de acordo com a qualidade requerida por um mercado em constante mudança, no qual os requisitos e as expectativas dos clientes estão aumentando continuamente". É importante destacar que em qualquer referência descrita no documento se incluem todos os tipos de **educação**[14] e treinamento.

A norma reforça que o treinamento é um investimento e não uma despesa, e que, portanto, o planejamento e o desenvolvimento das ações necessitam de intencionalidade coletiva para que sejam obtidos resultados significativos e mensuráveis. Esses objetivos são esclarecidos quando o sistema de melhoria da qualidade pelo treinamento identifica, primeiramente, as necessidades da organização, em particular aquelas relacionadas às necessidades dos *stakeholders*.

Nas diretrizes de treinamento, fica destacado que, além da definição das necessidades de treinamento, é importante também planejar, implementar, avaliar os resultados e monitorar o processo inserido no planejamento da empresa.

"O envolvimento apropriado do pessoal cuja competência está sendo desenvolvida, como parte do processo de treinamento, pode favorecer um sentimento de coautoria [...] tornando este pessoal mais responsável [...]" (FIDELIS, 2014, p. 86). Ou seja, quando a empresa insere as pessoas no processo desde o planejamento inicial, elas se sentem engajadas e motivadas para buscar o desenvolvimento das suas competências e produzir resultados superiores para a empresa.

A sistemática do processo de treinamento inclui estágios como:

1. **Definição das necessidades de treinamento:** essa etapa leva em consideração as competências necessárias (conhecimentos, habilidades e comportamentos) de cada atividade e de cada pessoa que participa da qualidade dos

---

14 Destaque nosso.

Figura 4.2

Sistema de melhoria da qualidade pelo treinamento.

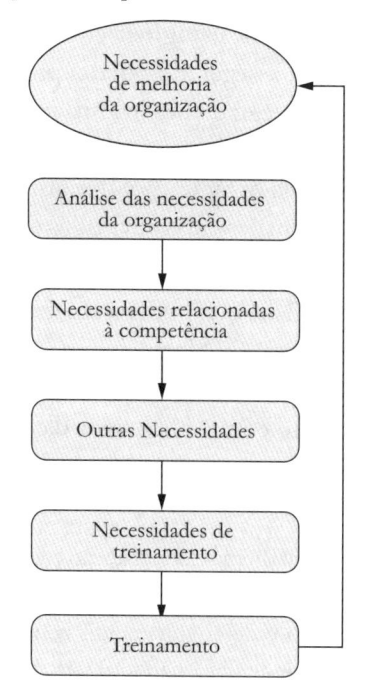

produtos e processos. Essas competências são identificadas pelos gestores, considerando as deficiências existentes em relação às necessidades da empresa perante o mercado.

2. **Projeto e planejamento do treinamento:** o ponto central está na "definição dos critérios de avaliação dos resultados do treinamento e para a monitoração do processo [...]". Nota-se que, além da identificação das competências por parte dos gestores, a preocupação também é quanto ao controle das ações que direcionam para as necessidades da empresa e o que os indivíduos estarão "aptos a alcançar como resultado do treinamento" (ABNT NBR ISO 10015, 2001, p. 5-6).

3. **Execução do treinamento:** ocorrem a condução e a aplicação dos procedimentos para desenvolver os conhecimentos, as habilidades e as atitudes conforme as necessidades da gestão. De modo geral, a área de Gestão de Pessoas é responsável pelo apoio e monitoração dos aspectos relacionados ao fornecedor de treinamento. O sucesso dessa atividade é afetado pela efetividade da interação entre a área, o fornecedor ou o instrutor de treinamento.

4. **Avaliação dos resultados de treinamento:** a avaliação se torna eficaz quando os objetivos da organização e do treinamento foram alcançados. Portanto, "os resultados do treinamento em geral não podem ser plenamente analisados

e validados até que o treinando possa ser observado e avaliado no trabalho" (ABNT NBR ISO 10015, 2001, p. 7).

5. **Monitoração simultânea dos estágios:** consiste no acompanhamento e controle de todas as etapas, assegurando que o processo de treinamento seja devidamente gerenciado e integrado desde a sua origem. A norma recomenda que a monitoração seja conduzida por pessoal competente de acordo com os procedimentos previstos pela organização. Importante que o pessoal envolvido seja independente das funções cujas atividades estejam sendo monitoradas.

Diante da realidade dos mercados, observam-se excesso de mão de obra e falta de qualificação, oportunidade que poderia ser mais bem administrada pelos gestores responsáveis pelas pessoas. Normalmente acontece o contrário: processos de qualificação profissional são planejados e executados sem o menor critério nem comprometimento com os objetivos da organização.

Segundo a literatura científica, treinamento, desenvolvimento e educação têm objetivos diferentes.

> [...] como a aprendizagem relacionada ao trabalho do indivíduo, educação como a qualificação do empregado para ocupar diferente posto de trabalho na organização e desenvolvimento como a aprendizagem destinada ao crescimento do indivíduo, não relacionada especificamente ao trabalho atual ou futuro. (NADLER, 1984, p. 16)

Já Bastos (1991, p. 88) afirma que:

> [...] a distinção entre educação e treinamento reporta-se ao nível de generalidade; a educação seria geral e se destinaria ao homem na sua totalidade, enquanto o treinamento seria específico e estaria voltado para a situação de trabalho.

Goldstein (1991) define treinamento como atitudes, conceitos, conhecimentos, regras ou habilidades adquiridas de forma sistemática e, como resultado, um aumento substantivo no desempenho do trabalho.

Latham (1988) também define treinamento como uma sistemática de padrões de atitudes, conhecimentos e habilidades que são observados pela organização por um indivíduo para desenvolver uma tarefa ou trabalho.

O treinamento vem sendo considerado por muitos na área de Recursos Humanos um sistema composto de eventos interdependentes, que se comunicam com o objetivo de reportar-se aos interesses da organização. Os eventos são a análise dos indicadores do desempenho humano em relação aos objetivos organizacionais, o diagnóstico das lacunas de competências dos trabalhadores, o planejamento das ações de treinamento, a implementação do treinamento e a avaliação dos resultados da transferência do treinamento no ambiente de

trabalho. Goldstein (1991, p. 514) comenta que "programas de treinamento interagem com o sistema da organização e são diretamente afetados por ele, como as políticas corporativas de seleção e filosofia gerencial".

De acordo com Latham (1988, p. 550),

> "[...] o suporte organizacional para treinamento ocorre na medida em que os objetivos de treinamento são ligados aos objetivos organizacionais, [...] são adequados à estratégia organizacional e na extensão com que implicam o progresso do plano de negócio da organização".

Kozlowski et al. (2000, p. 182) afirmam que:

> [...] pesquisadores da área têm notado que os procedimentos adotados para a avaliação de necessidades de treinamento não oferecem uma ligação explícita entre os objetivos estratégicos organizacionais e as necessidades de treinamento. Percebe-se, portanto, que a identificação de necessidades de treinamento guarda estreita relação com a estratégia organizacional e com o suporte organizacional para transferência das habilidades adquiridas em treinamento.

É importante reconhecer que o processo de treinamento não deve ser focado apenas na estrutura dos conteúdos, ou seja, no diagnóstico, na organização do "evento", na execução e no controle dos resultados no curto prazo, mas, sim, focado em um processo de aprendizagem e rentabilidade da organização e das pessoas.

Isso revela um lado ainda carente das organizações e dos profissionais que administram pessoas, que é o de avaliar apenas os resultados obtidos no curto prazo à revelia dos interesses maiores de ambos os agentes. O fracasso do planejamento de muitas organizações deve-se à inabilidade de converter um grande objetivo em planos de ação específicos e prioritários.

Para administrar esse cenário repleto de desafios e estratégias, o grande aliado ou importante instrumento de trabalho nesse processo é um planejamento estratégico focado na Gestão de Pessoas, que:

➤ reconheça a importância da análise diagnóstica do ambiente interno;
➤ identifique as melhores possibilidades de interação das pessoas;
➤ planeje a implantação de ações de desenvolvimento viáveis de acordo com as políticas internas da organização;
➤ que avalie os resultados obtidos nas práticas de treinamento, desenvolvimento e retenção de pessoas, com vistas à criação de indicadores de desempenho.

Para capitalizar o trabalho e atender à missão, as organizações estão percebendo que uma saída estratégica viável é adotar uma política "educacional", em que, além da formação técnica de base, a formação profissional e o comportamento somem forças, fomentando o diferencial entre as organizações inteligentes que investem no conhecimento.

Considerando que o conhecimento é um processo de descobertas sensoriais e orientado para uma determinada ação, algumas variáveis são importantes nesse processo, como a iniciativa, a automotivação e os resultados. Depreciado de maneira inversa – quanto mais se exercita o conhecimento, mais ele se valoriza –, observa-se então que as organizações, preocupadas com seu desenvolvimento e seu posicionamento no mercado, saem em busca do "novo" (práticas e métodos) que as qualifique continuamente, inclusive a sua força de trabalho.

As grandes organizações montam centros de treinamento ou mesmo escolas próprias, e outras, ainda, procuram nas instituições de ensino a fórmula pedagógica e a orientação necessárias para complementar a capacitação e o aprimoramento de seus trabalhadores.

As redes sociais, com seus jogos interativos (como o Farmaville, do Facebook e outros similares), têm oferecido ferramentas gerenciais para o público infantil e juvenil. O Second Life (ambiente virtual que simula aspectos da vida real e social do ser humano) e jogos similares sugerem uma nova modalidade de treinamento. Segundo Banov (2015, p. 122), gerentes podem fazer uso desse tipo de simulação para experimentar como os funcionários se sairiam em determinadas situações, além de analisar e retificar o seu perfil.

O profissional de treinamento de pessoal deve acompanhar as tecnologias que vão surgindo, desde softwares que auxiliam na programação e no registro de treinamento do seu pessoal até jogos e outras metodologias interativas.

Desenvolvimento de Pessoas

O treinamento e o desenvolvimento caminham juntos. Embora muitas vezes façam uso das mesmas técnicas, seus objetivos são diferentes. O treinamento é pontual e está relacionado à eliminação das lacunas de competências identificadas. O desenvolvimento de pessoas procura valorizar o potencial dos funcionários a partir da ascensão para cargos de maior complexidade, responsabilidade e valor no organograma.

> O treinamento prepara o homem para o desenvolvimento de tarefas específicas, enquanto um programa de desenvolvimento gerencial oferece ao treinando uma macrovisão do *business*, preparando-o para voos mais altos, a médio e longo prazos. (MARRAS, 2002, p. 167)
>
> Desenvolvimento é o processo de longo prazo para aperfeiçoar as capacidades e motivações dos empregados a fim de torná-los futuros membros

valiosos da organização. O desenvolvimento inclui não apenas o treinamento, mas também a carreira ou outras experiências. (MILVOVICH, 2000, p. 338)

Os métodos mais comuns de desenvolvimento de pessoas são:

a. **Participação em palestras, seminários, *workshops*, debates** sobre temas atuais que envolvam política, economia, marketing, inovações tecnológicas, entre outros que garantam a atualização do profissional.

b. ***Job rotation* ou rotação de cargos:** a pessoa passa um período em outros setores da organização que não o seu. Segundo Chiavenato (2004, p. 372), a rotação de cargos representa um excelente método para ampliar a exposição da pessoa às operações da organização e transformar especialistas em generalistas.

c. **Ocupação de posições de assessorias**.

d. ***Coaching:*** termo *coach* refere-se a instrutor particular que treina para as competições; é quem ensina as jogadas e as estratégias, ensaia, acompanha a prática e avalia resultados. *Coaching* são sessões de aconselhamento, feitas geralmente por um consultor de carreira que acompanha o desenvolvimento de um profissional. É focado no desenvolvimento do trabalho e resultados operacionais.

e. ***Mentoring:*** profissional com experiência e habilidade em relacionamento, que passa aos outros novas ideias sobre trabalho e carreira na forma de atenção e amizade. O mentor é uma espécie de monitor, uma pessoa que orienta, aconselha e aponta direções. O foco do seu trabalho está no desenvolvimento da pessoa. Geralmente, o mentor adota um funcionário que apresenta algum potencial. O acompanhamento do mentor torna esse profissional mais aberto às mudanças, encoraja a criatividade e a inovação.

f. **Educação continuada:** cursos de aperfeiçoamento profissional de curta e longa duração (profissionalizantes, técnicos, graduação, pós-graduação, entre outros).

g. **Educação corporativa:** muitas empresas têm criado suas próprias "universidades" (universidades corporativas) com o objetivo de manter seus funcionários constantemente atualizados. A educação corporativa é diferente da tradicional, uma vez que a tradicional forma pessoas para o mercado de trabalho, enquanto a corporativa as forma para atender às necessidades da organização. As empresas que adotam esse modelo são aquelas que oferecem cursos a distância e fazem uso da tecnologia para facilitar o acesso das pessoas à educação. As empresas que privilegiam a educação corporativa lucram com a "escola em casa". Pesquisa realizada em cem universidades corporativas nos Estados Unidos pela Corporate University Xchange revela que o retorno do investimento é o dobro de um treinamento tradicional. Para cada US$ 1,00 usado em treinamento tradicional, o retorno é de US$ 0,50. Nas universidades corporativas, o retorno é de US$ 2,00. Em vez de contarem somente com os cursos oferecidos pelo mercado, as empresas partiram para suas próprias universidades para incrementar o aperfeiçoamento constante de seus funcionários. As universidades corporativas, originadas nos Estados Unidos, estão ganhando força como instrumento para treinar profissionais de forma contínua e ultrapassar a deficiência na formação prática e específica dos profissionais, pois ficou constatado que os treinamentos convencionais nem sempre têm utilização direta no trabalho. Accor (hotelaria), Brahma (bebidas), Fischer América (publicidade), McDonald's (alimentação), Motorola (telefonia) e Souza Cruz (cigarros) são empresas que levam profissionais, fornecedores e até clientes à sala de aula de suas universidades próprias.

> [...] Não há necessidade de construir prédios ou salas de aula. Em muitos casos, o conceito de universidade corporativa existe, mas a estrutura é virtual. É o caso da Brahma, da Souza Cruz e da Fischer América, que não têm espaço físico. A Brahma optou pela universidade corporativa quando verificou o quanto gastava em treinamento e quanto esse investimento proporcionava de retorno à empresa. (CHIAVENATO, 2004, p. 356)

> [...] O desenvolvimento de pessoas está intimamente relacionado com o desenvolvimento de carreiras. Carreira é uma sucessão ou sequência de cargos ocupados ao longo de sua vida profissional. A carreira pressupõe desenvolvimento profissional gradativo e cargos crescentemente mais elevados e complexos. O desenvolvimento de carreira é um processo formalizado e sequencial que focaliza o planejamento da carreira futura dos funcionários que têm potencial para ocupar cargos mais elevados. (CHIAVENATO, 2004, p. 374)

A cultura da empresa também é atingida com essa avalanche de mudanças, sendo que o desenvolvimento empresarial depende do esforço concentrado na capacitação dos funcionários. Além disso, para acompanhar a evolução das mudanças é preciso mudar o formato de planejamento de aprendizado, em certos casos trazendo o treinamento para dentro da empresa e executando o aprendizado de acordo com as demandas do cargo.

A educação corporativa promove o pensamento estratégico e prepara a empresa para ampliar sua capacidade produtiva a partir de pessoas que aprendem continuamente e com constância de propósitos, alinhando expectativas e proporcionando desenvolvimento.

Desenvolvimento de Carreira

Cada funcionário deve ter um conjunto de qualificações, atributos e conhecimentos para desenvolver a sua carreira. Esse conjunto diz respeito às conquistas e realizações que, de maneira concreta, viabilizaram o crescimento da empresa, seja em termos de melhoria de processo ou em termos de rentabilidade financeira. Atributos e conhecimentos são competências que as empresas buscam nos funcionários.

As competências podem ser observadas diariamente em situações em que o funcionário é avaliado, porém é importante que o funcionário se especialize em uma determinada atividade ou processo, mas também conheça suas generalidades, aquilo que impacta direta ou indiretamente o resultado do seu trabalho.

A qualidade e a produtividade são conquistadas quando o funcionário consegue analisar seus pontos fortes e suas limitações e busca transformar as limitações em pontos de melhoria contínua. Quando isso é observado na empresa, é imprescindível que sejam trabalhadas essas potencialidades e sejam oferecidas oportunidades de desenvolvimento de carreira.

O crescimento e o autogerenciamento da carreira são vistos por parte das empresas como uma oportunidade e um dinâmico acesso para o crescimento durante a vida profissional do funcionário. Trata-se de aprendizado individual, do grupo e dos gestores que orientam a carreira, pois, adicionado a tudo isso, os colaboradores podem vislumbrar possibilidades e desafios, desfrutando da melhor forma possível o planejamento de carreira.

O funcionário deve entender que somente dedicação e fidelidade não garantem a sua permanência no emprego. É importante saber que a segurança é consequência das competências em constante aprimoramento, e isso, aos olhos da empresa, significa oportunidades de crescimento profissional.

> A empregabilidade é a capacidade de as pessoas manterem-se no emprego e oferecerem atratividades para o empregador, e essa decisão cabe à pessoa em primeiro lugar. A empresa é um meio para que o indivíduo possa prestar o serviço e desenvolver a sua carreira. (MINARELLI, 1995, p. 11)

O autor define os dois principais atrativos para o caminho da empregabilidade: a adequação vocacional e a competência profissional.

➤ **Adequação vocacional**: é a atitude positiva de buscar a convergência entre o trabalho e a vocação. A pessoa precisa encontrar no trabalho aptidões e interesses que possibilitem o seu desenvolvimento e crescimento na carreira.

➤ **Competência profissional**: compreende os conhecimentos, as habilidades e o comportamento da pessoa relacionados ao seu cargo em uma empresa.

A compatibilidade entre a competência e as necessidades da empresa tende a facilitar a carreira ascendente de uma pessoa.

A orientação adequada de carreira com foco na cultura e nos valores da empresa pode proporcionar motivação e a percepção de valor das pessoas. Mais facilmente, poderão assumir responsabilidades e colocar suas competências em prática.

Cabe à empresa

> Identificar as oportunidades futuras de desenvolvimento de carreira para atender aos seus objetivos futuros.
> Proporcionar uma comunicação clara sobre os seus objetivos em relação ao desenvolvimento de carreira.
> Oferecer programas de treinamento para potencializar as capacidades.
> Aconselhar os chefes sobre a utilização de ferramentas de avaliação de desempenho.

Cabe ao gestor

> Disponibilizar recursos e informações para aprimorarem suas habilidades e competências.
> Selecionar candidatos qualificados para os cargos sob sua responsabilidade.
> Aconselhar e incentivar o planejamento de carreira das pessoas.
> Avaliar de maneira imparcial o desempenho individual e coletivo.
> Viabilizar a entrada na nova etapa da carreira.

Cabe ao funcionário

> Reconhecer suas competências e demonstrá-las com ações objetivas de melhoria contínua de suas atividades.
> Identificar as suas limitações profissionais e investir no conhecimento, a fim de eliminar as lacunas de competências.
> Orientar seus objetivos profissionais em direção dos objetivos organizacionais.
> Buscar informações e recursos com seu superior hierárquico sobre as opções existentes na empresa para desenvolver sua carreira.

Organizações de Aprendizagem

Uma das maneiras de manter funcionários atualizados é criar e aplicar o conceito de organização de aprendizagem.

Uma organização de aprendizagem é aquela que cria condições e estimula as pessoas a desenvolverem suas capacidades e trazerem os resultados desejados pela empresa. Elas conseguem desenvolver em seus funcionários a capacidade de inovação e rápida adaptação às mudanças.

> Embora os teóricos organizacionais falem sobre uma organização de aprendizagem, são os trabalhadores que realizam tal aprendizado. A sabedoria coletiva dos funcionários pode, então, ser traduzida em uma organização de aprendizagem. (DUBRIN, 2003, p. 392)

São características da organização de aprendizagem:

a. **Aprendizagem de equipe:** a organização de aprendizagem enfatiza o trabalho em equipe e a solução coletiva de problemas. Os membros da equipe devem estar em constante troca de informações. A empresa cria oportunidades para que os colaboradores se reúnam e compartilhem informações por meio de reuniões, conferências, debates, entre outros.

b. **Visão compartilhada e comprometimento com a organização:** as pessoas devem ter uma visão comum e estar comprometidas com a aprendizagem, e o papel do administrador é fundamental no desenvolvimento dessa visão compartilhada. Segundo Dubrin (2003, p. 393), o desenvolvimento de uma visão compartilhada depende de uma liderança eficaz. Se os trabalhadores, em todos os níveis, acreditam que a empresa caminha em direção à grandeza, estarão motivados a aprender para alcançar tal grandeza.

c. **Uso contínuo do *feedback*:** cria posições abertas e não defensivas. Os questionamentos são estimulados. Os erros são considerados experiências valiosas de aprendizado sobre o que não deve ser feito no futuro.

d. **Pensamento sistêmico:** a empresa é vista no todo e cada colaborador tem a consciência de que seu trabalho afeta o trabalho de outros colaboradores.

e. **Aprendizagem de ação:** a aprendizagem se efetiva quando ela é colocada em prática. As discussões devem trazer novas habilidades.

f. **Domínio pessoal do cargo:** embora a organização de aprendizagem enfatize a equipe, cada trabalhador deve ser perito naquilo que faz. Cada membro do grupo deve desenvolver especializações, pois ele pode acrescentar algo de valor em relação ao que está sendo discutido.

g. **Uso ético do *benchmarking*:** procedimento que visa à identificação, aprendizado e melhoria de práticas e processos em uma empresa.

Estratégico – Treinamento, Desenvolvimento e Plano de Carreira

As empresas planejam, organizam e controlam suas atividades por meio de mecanismos de gestão que garantem competitividade diante do mercado concorrente.

O planejamento de Recursos Humanos, integrado aos objetivos e às estratégias organizacionais, proporciona para a empresa uma avaliação muito

importante entre o atual quadro de funcionários e a adequação desses fun cionários aos cargos periodicamente atualizados.

É importante que os funcionários conheçam os objetivos em relação à política de treinamento da empresa para que caminhem na direção certa e saibam onde estão e aonde podem chegar.

O desenvolvimento de uma empresa está relacionado, em parte, com a capacitação e o desenvolvimento das potencialidades do funcionário, aumento da competitividade e a satisfação dos *stakeholders*.

Além de informações para melhorar o desempenho do funcionário (conhecimentos e habilidades), o treinamento procura proporcionar formação básica, em que ele possa rever suas atitudes e ideias para fortalecer seu comportamento, para ser cada vez mais eficiente e eficaz dentro e fora da empresa.

As empresas que realmente se preocupam com a excelência e em se manterem competitivas em um mercado concorrente e estreito preparam as pessoas para se tornarem agentes de mudanças.

Planos de desenvolvimento humano transmitem aos funcionários sinais de que a organização também está preocupada com eles, que seu comportamento deve estar alinhado às expectativas da empresa, pois além de alavancar o desempenho do cargo, possibilita que eles se tornem mais qualificados para a vida.

✓ Avaliação de Desempenho

Para compreender a avaliação do desempenho, os conceitos de desempenho e avaliação de desempenho devem ser claros.

Entende-se por desempenho a execução, o rendimento, o desempenho analisado e comparado com metas ou as expectativas previamente planejadas, e por avaliação de desempenho a prática que acompanha e mede o desempenho do funcionário em um determinado período, de acordo com a descrição e as especificações do cargo que ocupa.

> Avaliação do desempenho humano é a identificação, mensuração e administração do desempenho humano nas organizações. A identificação se apoia na análise de cargos e procura determinar as áreas de trabalho que se deve examinar quando se mede o desempenho. A mensuração é o elemento central do sistema de avaliação e procura determinar como o desempenho pode ser comparado com certos padrões objetivos. A administração é o ponto chave de todo o sistema de avaliação. (CHIAVENATO, 2004, p. 223)
>
> Avaliação de desempenho (AD) é um instrumento gerencial que permite ao administrador mensurar os resultados obtidos por um empregado ou

> por um grupo, em período e área específicos (conhecimentos, metas, habilidades etc.). (MARRAS, 2002, p. 173)

Considera-se que a avaliação do desempenho é uma prática que disciplina a conduta individual e procura medir o quanto um funcionário é capaz de produzir resultados em consonância com as expectativas do cargo.

Objetivos da Avaliação de Desempenho

A avaliação do desempenho nas organizações tem por objetivo verificar o resultado de um investimento realizado sobre a trajetória profissional e pelo retorno recebido pela organização. Além disso, é um instrumento utilizado pelos gestores para:

- verificar a contribuição individual nos resultados coletivos;
- identificar necessidades de melhoria;
- descobrir oportunidades de crescimento profissional (promoções, transferências etc.);
- administrar a evolução da estrutura de cargos e salários;
- fornecer *feedback* aos empregados (reforço positivo ou ações de melhoria).

O planejamento de melhoria do desempenho dos funcionários está atrelado aos diversos meios de investimento que a empresa pode oferecer para os funcionários, como:

- **Pelos resultados:** é possível avaliar quantitativamente (por exemplo: número de peças produzidas, de produtos vendidos em um determinado período, dos novos correntistas no último mês, de pacientes atendidos por um enfermeiro etc.) e qualitativamente (por exemplo: a criação de um produto para a empresa X, a qualidade de atendimento que uma enfermeira dá aos pacientes que estão sob sua responsabilidade, entre outros).
- **Pelo conhecimento:** o que se pode avaliar são as informações adquiridas inerentes ao cargo e o nível de atualização do funcionário. O enfermeiro que trabalha com aidéticos deve ser avaliado sobre o que ele conhece a respeito da doença, formas de prevenção e cuidados; o analista de economia pode ser avaliado sobre o que ele conhece de economia brasileira e internacional, e, de acordo com a atividade da empresa, outras informações cabíveis ao cargo.
- **Pelas habilidades:** pode ser avaliado, por exemplo, o domínio que um enfermeiro tem na aplicação de injeções ou a facilidade de lidar com cálculos que um analista de cargos e salários possui.
- **Pelo comportamento:** verifica-se a compatibilidade do funcionário com a cultura da organização, suas crenças, normas, valores e demais componentes.

Trabalhar em um hospital público é diferente de trabalhar em um grande hospital particular, pois são culturas e objetivos organizacionais diferentes. Avalia-se também a compatibilidade do comportamento do funcionário com o cargo, por exemplo: como o gestor lida com os conflitos, como o vendedor atende a um cliente, como o enfermeiro atende ao paciente etc.

Avaliadores de Desempenho

São as organizações, de acordo com sua história e cultura, que decidem quem deve avaliar o desempenho dos funcionários. Segundo Chiavenato (2004, p. 227), pode ser feito o uso de:

> - autoavaliação, quando o próprio empregado avalia o seu desempenho;
> - gerente ou superior imediato avaliando o desempenho de seus subordinados;
> - o subordinado e o seu superior, em conjunto, fazendo a avaliação;
> - a equipe de trabalho;
> - Avaliação de Desempenho 360 Graus, quando várias pessoas estão envolvidas com o avaliado (superior imediato, subordinados, colegas, clientes, fornecedores);
> - avaliação para cima, na qual o grupo avalia seu superior.

Métodos de Avaliação de Desempenho

A avaliação de desempenho pode ser informal, consistindo em perguntar ao superior imediato e/ou para as pessoas do departamento como elas veem o desempenho/trabalho de algumas pessoas; ou pode ser formal, quando se faz uso de instrumentos previamente construídos de acordo com o que se estabelece como desempenho para um determinado cargo (descrição e especificações).

Existem alguns instrumentos de avaliação de desempenho padronizados quanto à forma. Seu conteúdo deve ser desenvolvido e adaptado de acordo com o cargo, assim como os critérios de avaliação. Os mais comuns utilizados pelas organizações são apresentados a seguir.

Escalas Gráficas

É o método mais usado nas organizações. Consiste em:

a. Estabelecer os indicadores (também conhecidos como variáveis ou prognosticadores de desempenho) que a organização define como desempenho.

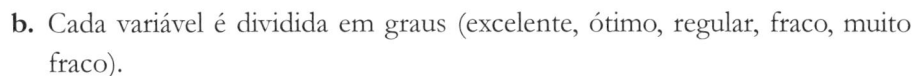
b. Cada variável é dividida em graus (excelente, ótimo, regular, fraco, muito fraco).

c. Cada grau dessa escala tem um valor em pontos.

d. Compara-se o resultado final do funcionário com a meta estabelecida ou a média do grupo.

A Tabela 4.2 sugere um exemplo da avaliação de desempenho em escalas gráficas. Os indicadores foram escolhidos pelo setor interessado nas avaliações.

Tabela 4.2

Modelo de escala gráfica de avaliação de desempenho

Indicadores	Excelente	Bom	Regular	Fraco
Pontualidade	Chega com antecedência sempre	Chega sempre no horário	Chega quase sempre no horário	Chega sempre atrasado
Qualidade do trabalho	Sempre acima dos padrões	Qualidade nos padrões	Quase nos padrões	Longe dos padrões
Qualidade de trabalho	Sempre acima da média	Sempre está na média	Sempre está quase na média	Nunca está na média
Relacionamentos interpessoais	Excelente no trato com as pessoas	Bom no trato com as pessoas	Trata normalmente as pessoas	É indelicado com as pessoas
Inovação	Tem sempre boas ideias	Quase sempre traz boas ideias	Algumas vezes traz boas ideias	Nunca traz boas ideias
Dedicação ao trabalho	Está sempre à disposição	Disponível quando precisa	Quase sempre disponível	Nunca está disponível
Apresentação	Sempre muito asseado	Sempre limpo, penteado e roupa passada	Quase sempre limpo, penteado e roupa passada	Nunca asseado
Idioma (_____)	Fluente	Bom	Razoável	Ruim

Incidentes Críticos

O método dos incidentes críticos leva em consideração:

➤ os pontos fortes e fracos de quem está sendo avaliado;

➤ duas séries de afirmativas (uma positiva e outra negativa).

O responsável descreve os aspectos considerados fortes e fracos para o desempenho do cargo.

Tabela 4.3

Modelo do instrumento de avaliação de incidentes críticos

Avaliação de desempenho			
Nome do empregado:		Data de admissão:	
Cargo:		Data de avaliação:	
Setor:			
Pontos positivos		**Pontos negativos**	
Graduado		Falta atualização.	
É elogiado pelos pacientes.		Os pacientes fazem reclamações do seu trabalho.	
Sabe dos procedimentos das principais ocorrências.		Não tem habilidade em usar os instrumentos básicos.	
Usa corretamente os instrumentos de trabalho.		É limitado em relação à tomada de decisão.	
Atenção.		Não se comunica bem com os médicos.	

Método 360 Graus

O funcionário é avaliado por subordinados, superiores, clientes internos e externos, fornecedores, enfim, pelas pessoas que têm contato direto ou indireto com as atividades do cargo. O modelo procura afastar a possibilidade de distorções pessoais ou parcialidades na avaliação, demonstrando maior amplitude quanto à percepção dos diversos agentes avaliadores. A escala gráfica pode ser utilizada neste modelo.

Avaliação Participativa por Objetivos (APO)

As principais ações pertinentes a essa modalidade de avaliação são:
> participam o funcionário e o seu superior imediato;
> sugere-se que os objetivos e critérios sejam formulados por ambos;
> ao superior imediato, cabem ações como: apoio, direção orientação e recursos;
> ao subordinado, cabe desempenhar as atividades do cargo;
> avaliação do superior imediato em conjunto com o seu funcionário, dos objetivos formulados e reciclagem do processo de APO.

Já os principais problemas de um sistema de avaliação de desempenho são:
> subjetividade (inconsciente) inserida no processo de julgamento;
> o avaliador conscientemente "interfere" em um resultado com a intenção de ajudar ou prejudicar o avaliado;

> efeito de halo, que significa que o avaliador deixa-se levar por uma característica marcante do avaliado, neutralizando as demais;
> basear-se em acontecimentos recentes ou julgar a pessoa pelos seus últimos atos;
> levar em conta características pessoais extracargo.

Gestão do Desempenho

Muitas empresas estão substituindo a Avaliação de Desempenho pela Gestão do Desempenho, trocando o processo tradicional por outro processo que valoriza o contexto das atividades e os resultados obtidos durante a um determinado período.

Ao descrever os indicadores de desempenho e associá-los aos interesses da organização, articula-se o gerenciamento do desempenho futuro, traçando objetivos que possam ser realizados. O controle do progresso por meio de *feedback* é contínuo, usando a comparação dos indicadores e resultados.

Ferramentas que têm agregado valor no acompanhamento do rendimento dos funcionários são os softwares de avaliação de desempenho, pois, além de auxiliar o gestor em todo o processo de avaliação, permite a análise de gráficos em todas as avaliações pelas quais passou, seu desempenho em relação ao cargo que ocupa e a comparação do seu desempenho em relação à equipe de trabalho.

Avaliação de Desempenho Estratégico

As empresas passam por avaliações todos os dias. É fato que elas precisam melhorar continuamente, construindo a sua história no mercado de trabalho. Essa história é alicerçada com planejamento, trabalho e administração. A área de Recursos Humanos cumpre esse papel administrativo importante, tanto na orientação de conduta dos gestores como na elaboração conjunta do instrumento de avaliação.

A avaliação de desempenho busca identificar esse cenário empresarial, que oscila entre a motivação e a insatisfação das pessoas e da própria empresa, com os resultados alcançados. Além disso, corrige rumos e indica possibilidades de desenvolvimento.

O tratamento dado à avaliação de desempenho deve atingir as expectativas de ambos (empresa e funcionário) e não ser considerado avaliação punitiva, o que decerto é inócuo em se tratando de um instrumento de gestão estratégica.

A sinergia depende do somatório de competências de cada participante de uma equipe e da mobilização de esforços interdependentes para se alcançar um

bom desempenho. É importante que essa integração entre pessoas possa proporcionar sinergia entre as competências individuais e coletivas.

Indicadores de Desempenho

As empresas que acompanham as incertezas do mercado necessitam criar constantemente indicadores para acompanhar seu desempenho e o alcance de seus resultados. Esses indicadores servem como termômetro da eficácia de uma administração responsável. Da mesma forma, indicadores e instrumentos são criados para monitorar o desempenho dos funcionários, seja para compatibilizar expectativas de curto prazo do cargo ou orientar o desenvolvimento de carreira futura.

Alguns indicadores para avaliar o desempenho dos trabalhadores são:

- **Participação:** compromisso em participar de reuniões e comunicar decisões.
- **Iniciativa:** capacidade de lidar com diferentes situações e tomar as providências cabíveis.
- **Criatividade e inovação:** capacidade de criar situações e implementar soluções.
- **Prazo:** cumprir prazos estabelecidos.
- **Qualidade:** planejar e executar as ações com eficiência e eficácia.
- **Responsabilidade:** capacidade de comprometimento com os resultados das ações.
- **Habilidade:** prover recursos e aplicar os conhecimentos com competência.
- **Comunicação:** expressar-se de maneira clara e objetiva.
- **Espírito de equipe:** capacidade de trabalhar em equipe, demonstrando colaboração e sinergia.
- **Racionalidade:** capacidade de racionalização dos recursos disponíveis.
- **Flexibilidade:** contornar dificuldades na implementação das ações.

Tabela 4.4

Exemplo da descrição de indicadores e suas graduações utilizadas em uma avaliação de desempenho

Variáveis	Ótimo	Bom	Regular	Fraco
1 – Interesse pelo Trabalho Mostra-se motivado e interessado na realização de seu trabalho.	Suas atitudes demonstram interesse pelo trabalho, realiza-o com vontade, motivação e empenho.	Mostra interesse pelo trabalho. Na maioria das vezes, realiza-o com vontade, motivação e empenho.	Em poucas situações demonstra interesse pelo trabalho.	Não demonstra interesse pelo trabalho.

Variáveis	Ótimo	Bom	Regular	Fraco
2 – Liderança Capacidade de direcionar a equipe a obter resultados. Apresenta planejamento, segurança e facilidade de tomar decisões.	Conduz a equipe e suas atividades de forma segura, com capacidade de levar a equipe a atingir os resultados. Apresenta planejamento e capacidade de tomar decisões.	Geralmente, conduz a equipe e suas atividades de forma segura, sendo o facilitador para que a equipe atinja os resultados esperados.	Em poucas situações apresenta planejamento, segurança e tomada de decisões.	Em sua forma de atuação não há planejamento. Demonstra morosidade em situações que necessitem de tomada de decisão.
3 – Conhecimento do Trabalho Domina as atividades de sua função (aspectos técnicos e teóricos). Não necessita de orientação.	Detém conhecimento total de seu trabalho e não necessita de orientação.	Bons conhecimentos do trabalho.	Conhecimento regular, tendo que ser orientado.	Fraco conhecimento do trabalho, tendo que ser orientado o tempo todo.
4 – Sociabilidade Facilidade de adaptação ao convívio social e ao integrar-se com a equipe.	Adapta-se diante de qualquer situação. Demonstra ser integrado com o meio.	Frequentemente se adapta e integra-se nas mais variadas situações.	Possui facilidade na integração em determinados grupos e situações.	Atitude totalmente reservada.
5 – Relações Humanas Valoriza os aspectos humanos no relacionamento.	Valoriza o aspecto humano no relacionamento e preocupa-se com o respeito, ética e cordialidade com os membros da equipe.	Normalmente, dá prioridade ao fator humano como ética, respeito e cordialidade.	Em poucas situações valoriza o aspecto humano (ética, respeito e cordialidade).	Não apresenta preocupação com os aspectos humanos.
6 – Qualidade do Trabalho Apresenta exatidão e ordem no trabalho.	Excelente apresentação, ordem e exatidão no trabalho.	Com frequência, o trabalho é apresentado com ordem e exatidão.	Normalmente, o trabalho é apresentado em ordem e com exatidão.	Trabalho relaxado e com grande número de erros.
7 – Cumprimento das Metas Atinge os resultados que lhe são propostos.	Apresenta plenamente os resultados esperados pela empresa.	Normalmente, os seus resultados são os esperados.	Apresenta os resultados parcialmente.	Dificilmente apresenta os resultados esperados nos trabalhos propostos.
8 – Cooperação Disposição em colaborar com a equipe na obtenção dos objetivos do departamento.	Sempre está disposto a cooperar com o grupo.	Às vezes, colabora com o grupo.	Somente quando solicitado colabora com o grupo.	Não colabora com o grupo de trabalho.

Variáveis	Ótimo	Bom	Regular	Fraco
9 – Iniciativa e Criatividade Capacidade de solucionar problemas em situações novas.	Sempre sugere soluções criativas em situações novas.	Às vezes, sugere soluções criativas em situações novas.	Sugere, porém sem muita criatividade.	Não sugere.
10 – Planejamento do Trabalho Utiliza metodologia e planejamento em suas atividades.	Sempre atua baseado em planejamento e metodologias.	Na maioria dos trabalhos executados apresenta metodologia e planejamento.	Apenas em alguns trabalhos aplica metodologia e planejamento.	Realiza suas atividades sem planejamento, tornando-se desorganizado.
11 – Assiduidade Não apresenta faltas injustificadas no trabalho.	Não apresenta faltas ou atrasos.	Há ocorrências de faltas por problemas de saúde.	Apresenta esporadicamente faltas comunicadas.	Faltas sem comunicação ou atestado.
12 – Relacionamento com a equipe Integração no grupo, estabelece contato amistoso e participativo com os colegas de trabalho.	Em todos os momentos é prestativo com todos da equipe.	Adota uma atitude formal e cortês com todos da equipe.	Não permite a aproximação de membros da equipe.	Não se integra com a equipe. Toma atitudes individualistas.
13 – Produtividade Atinge as metas estabelecidas de produção.	Ultrapassa sempre a produção exigida, executando de forma rápida.	Com frequência, ultrapassa o exigido.	Executa só o exigido.	Executa lentamente o trabalho e abaixo do exigido.
14 – Interesse pelo Trabalho Executa as atividades com motivação e se compromete com o trabalho.	Mostra-se constantemente motivado. Aperfeiçoa as técnicas existentes.	Frequentemente está motivado.	Mantém interesse, porém executa só o solicitado.	Não demonstra interesse.
15 – Organização e Limpeza Zela pela ordem do local de trabalho.	Pratica diariamente 5S[15] no seu local de trabalho e ajuda no departamento como um todo.	Pratica diariamente 5S, somente no seu local de trabalho.	Esporadicamente pratica os 5S no seu local de trabalho.	Dificilmente organiza seu local de trabalho.

Alguns indicadores para avaliar o desempenho da empresa são:

> **Objetivo:** forma de administrar da empresa, suas estratégias e os caminhos escolhidos para a excelência; refere-se à visão de futuro, missão e objetivos organizacionais.

---

15 Os 5S referem-se aos ideogramas japoneses que refletem a filosofia de Descartes (*Seiri*), Organização (*Seiton*), Limpeza (*Seiso*), Higiene (*Seiketsu*) e Ordem mantida (*Shitsuke*).

- ➤ **Estrutura:** forma de divisão dos trabalhos; os papéis atribuídos às pessoas e a capacidade dos departamentos de atender às expectativas geradas no modelo de gestão.
- ➤ **Mudança:** disposição da empresa em adotar mudanças e processos de melhoria contínua.
- ➤ **Liderança:** envolvimento dos trabalhadores com a equipe e seu superior; refere-se ao reconhecimento da liderança interna, que mantém o equilíbrio na empresa.
- ➤ **Relacionamento:** modo como a empresa percebe os trabalhadores ao seu redor; refere-se à harmonia de relacionamentos e a como os conflitos são tratados.
- ➤ **Qualidade das informações e trabalho:** respeito pela importância da qualidade, dos recursos e das informações disponibilizados para a realização das atividades.
- ➤ **Política de Recursos Humanos:** oferece oportunidades profissionais, pessoais e incentivos; refere-se à existência de condições favoráveis no âmbito salarial e desenvolvimento de carreira.

A área de Recursos Humanos propõe uma forma estratégica de administrar, com objetividade, metas e referências mensuráveis, quantitativas e qualitativas, disponibilizando informações para os gestores e os trabalhadores para que os esforços de mudanças, que visam melhorar o negócio, saiam do discurso e não se transformem em mais uma prática burocrática sem substância.

✓ Estudo de Caso

Algumas alterações aconteceram na clínica desde que houve o processo de mudança. Com a ascensão do negócio, Olavo e Janeth resolveram que era necessário diversificar as especialidades e investiram em novas máquinas para novos procedimentos.

Com isso, os funcionários precisaram conhecer novas formas de aplicação desses procedimentos e desenvolver novas práticas administrativas, para poderem acompanhar as novidades. Os cargos eram limitados, e haveria a necessidade de buscar novos conhecimentos no mercado a partir de treinamento.

Para ajudar a empresa a transpor essa barreira, apresente um planejamento estratégico que supra essas dificuldades e defina indicadores e instrumentos para avaliar os resultados após o treinamento que possibilitem o desenvolvimento de carreira dos funcionários.

✓ Cargos e Salários

O processo de Cargos e Salários provoca preocupações quando implementado em uma empresa. O fato de que qualquer trabalhador gostaria de ser bem recompensado pela execução de suas atividades aumenta a responsabilidade do RH na elaboraração de um sistema de remuneração que seja compatível com a estrutura da empresa e com a realidade do mercado.

Após a definição das características do cargo por parte do gestor, em conjunto com a área de Recursos Humanos, é importante levar em consideração a forma de remunerar cada cargo com justiça e respeitar a complexidade das atividades e das responsabilidades que o cargo exige. É um assunto complexo que merece atenção e uma sistemática que implica focar o cargo e não as pessoas que o ocupam.

O cargo, quando bem definido, facilita a atribuição de valor, pois, conforme a descrição e as especificações, formam a base para a decisão do salário.

> O cargo – a forma tradicional de as organizações ordenarem e agruparem as tarefas atribuídas às pessoas que a compõem em um conjunto mais ou menos formal constitui um fato organizacional ao qual se convencionou chamar 'cargo'. (PASCHOAL, 2001, p. 4)

Analisando as mudanças do mundo corporativo, a multifuncionalidade do cargo passou a representar atenção dos gestores, ou seja, cada vez mais o cargo vai incorporando mais atributos e responsabilidades, causando a necessidade de atualização e adequação dos requisitos e valor do cargo. O especialista abre espaço para o generalista, que compõe uma série de atividades adicionais, sem se prender ao mesmo local de trabalho, ampliando as possibilidades de desenvolvimento profissional das pessoas.

> O salário – a importância do salário pode ser analisada sob dois prismas distintos: o prisma do empregado e o da organização. Para o empregado significa retribuição, sustento, padrão de vida, reconhecimento. Para a organização representa custo e fator influenciador do clima organizacional e da produtividade. (PASCHOAL, 2001, p. 5)

Em muitos casos, o funcionário desmotivado pressiona o seu superior imediato para que lhe conceda um aumento de salário, e, em outros casos, o próprio superior tenta compensar a desmotivação buscando essa alternativa, sem critérios, avaliação ou algo que seja adequado ao planejamento estratégico da empresa. Daí a importância do processo de recrutamento, seleção e socialização organizacional para que o candidato, antes de iniciar as suas atividades, receba todas as informações necessárias, inclusive quanto à responsabilidade do cargo, à estrutura de salários e ao plano de carreira.

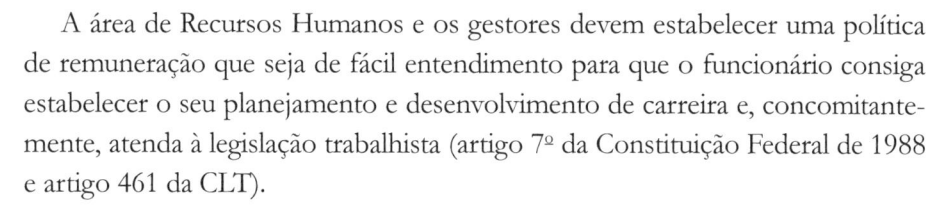

A área de Recursos Humanos e os gestores devem estabelecer uma política de remuneração que seja de fácil entendimento para que o funcionário consiga estabelecer o seu planejamento e desenvolvimento de carreira e, concomitantemente, atenda à legislação trabalhista (artigo 7º da Constituição Federal de 1988 e artigo 461 da CLT).

> São direitos dos trabalhadores urbanos e rurais, além de outros que visem à melhoria de sua condição social: piso salarial proporcional à extensão e à complexidade do trabalho (Inciso V); participação nos lucros ou resultados, desvinculada da remuneração, e, excepcionalmente, participação na gestão da empresa, conforme definido em lei (Inciso XI); reconhecimento das convenções e acordos coletivos de trabalho (Inciso XXVI). (BRASIL, art. 7º, 1988)
>
> Sendo idêntica a função, a todo trabalho de igual valor, prestado ao mesmo empregador, na mesma localidade, corresponderá a igual salário, sem distinção de sexo, nacionalidade ou idade.
>
> Parágrafo 1º – Trabalho de igual valor, para os fins deste capítulo, será o que for feito com igual produtividade e com mesma perfeição técnica, entre pessoas cuja diferença de tempo de serviço não for superior a dois anos.
>
> Parágrafo 2º – Os dispositivos deste artigo não prevalecerão quando o empregador tiver pessoal organizado em quadro de carreira, hipótese em que as promoções deverão obedecer aos critérios de antiguidade e merecimento. (BRASIL, art. 461, 1943)

Em muitas empresas existe um departamento específico de cargos e salários, responsável pela elaboração e controle da estrutura de cargos e planejamento de sistemas de remuneração que seja justo internamente e competitivo externamente.

Análise de Cargos e Salários

Cabe ao profissional de Recursos Humanos a função de analisar os cargos e elaborar um sistema de remuneração adequado às características da empresa e de acordo com o mercado de trabalho.

Para chegar às faixas salariais, é necessário que os cargos sejam descritos, analisados e classificados conforme a hierarquia da empresa.

A análise de cargos comporta:

a. Escolha de fatores de avaliação, que, segundo Chiavenato (2004, p. 209), leva em consideração:

- **Requisitos mentais:** escolaridade, experiência, iniciativa, complexidade, criatividade, julgamento, capacidade de análise etc.

- **Requisitos físicos:** habilidade manual, esforço físico, concentração, estresse etc.
- **Responsabilidades:** por pessoas, por dinheiro, por materiais, por produtos, por valores, por dados confidenciais etc.
- **Condições de trabalho:** riscos, monotonia, ambiente de trabalho etc.

b. Determinação dos pesos de cada fator e tratamento estatístico; cada fator terá um determinado peso. Para o devido tratamento estatístico, é necessário que uma pessoa especializada em análise de cargos e salários o faça.

Existem recursos adicionais como softwares, que a partir do peso dado a cada fator estabelecem o tratamento estatístico, correlacionam com os dados externos e determinam os salários a serem pagos e as respectivas faixas salariais. As empresas fornecedoras de softwares fazem um levantamento na empresa para adequar os programas à realidade da organização e orientam quanto ao período em que os cargos devem ser reavaliados e à legislação em vigor.

c. Determinação das faixas salariais, que são categorias ou disposição de salários em ordem crescente, que servem para:
- critérios de contratação em experiência inicial;
- critérios para promoções;
- enquadramentos conforme as similaridades entre cargos;
- desenvolvimento de carreira.

Para determinar as faixas, é necessário considerar como fator crítico do sucesso de qualquer política de salários a média salarial praticada no mercado, no respectivo ramo de atividade da empresa, a partir de pesquisa, que apoiará o processo decisório quanto às faixas adequadas no determinado momento. Posteriormente, define-se a quantidade de faixas que se enquadre mais adequadamente ao planejamento de carreira da força de trabalho.

Planejamento de Cargos e Salários

Para estruturar um planejamento de cargos e salários não basta apenas levar em consideração o objetivo macro da empresa, assim como também não basta apenas atender às condições financeiras ou buscar o enquadramento com o mercado. É preciso avaliar seus principais pilares (missão, visão e valores).

➤ **Missão:** são aspectos estratégicos que declaram sua intenção perante os *stakeholders*, ou seja, o que a empresa faz, porque faz, para quem faz e como faz, explicitando de maneira objetiva as ações de longo prazo para esse público.

➤ **Visão:** declara os objetivos com definição do tempo para realizações e/ou conquistas corporativas, ou seja, aonde a empresa quer chegar? O que ela quer conquistar? Quando (prazo) deve atingir esses objetivos?

> **Valores:** princípios que formam o alicerce da empresa, as convicções dominantes, aquilo em que as pessoas acreditam e perseguem em termos de padrão de comportamento. Por exemplo, conduta, qualidade de vida, transparência, ética, compromissos etc.

No modelo de estruturação do plano, o cargo e o salário são a base para determinar competências, responsabilidades e autoridades que definem a hierarquia da empresa, critérios que, se bem planejados, podem garantir vantagem competitiva e oportunidades de desenvolvimento, desde o desenho organizacional, departamental e da modelagem do trabalho.

Desde o início, quanto mais pessoas estiverem envolvidas, maior será a viabilidade estratégica do plano. A participação dos gestores é importante para a credibilidade e a motivação/produtividade dos funcionários, pois serão os condutores das regras estabelecidas *a priori*.

No planejamento e na divulgação do plano, os principais objetivos são:

> possibilidade de equilíbrio interno, externo e racionalização da estrutura hierárquica;
> perspectiva de perfis de cargos que atendam objetivamente às necessidades da empresa;
> estímulo ao autogerenciamento da carreira;
> definição das responsabilidades e atribuições;
> estabelecimento de políticas de remuneração condizentes à realidade da empresa;
> fomento dos subsistemas de recrutamento, seleção e treinamento;
> atração e possibilidade de retenção dos funcionários da empresa.

Etapas da Execução do Planejamento

O planejamento de cargos e salários deve seguir etapas, sendo conduzidas pelos gestores participantes do comitê, mediado pelo profissional de RH, que é habilitado e conhecedor das diversas restrições que interferem na condução do plano.

Definição dos Grupos Ocupacionais

Inicia-se a execução do plano pela identificação dos grupos ocupacionais do organograma: operacionais, técnicos, administrativos e gerenciais. Cada grupo corresponde aos cargos cujas características de trabalho se encontram no mesmo nível de importância.

> **Grupo operacional:** cargos com atividades previsíveis e rotineiras – auxiliares em geral, operadores de máquinas etc.

> **Grupo de técnicos:** cargos cuja característica é a exigência de conhecimentos técnicos, seja de ensino médio ou superior – desenhistas, técnicos de enfermagem, psicólogos etc.
> **Grupo administrativo:** cargos de suporte na administração de serviços – recepcionista, assistentes, analistas etc.
> **Grupo gerencial:** cargos que exercem comando de equipes e definem normas e diretrizes de trabalho – gerentes e executivos.

Análise das Descrições e Especificações dos Cargos

A fase seguinte é a de análise e atualização do documento abordado no Capítulo 3, que serve de base para os subsistemas de apoio aos gestores, recrutamento, seleção, avaliação de desempenho, treinamento e desenvolvimento de carreira.

Essa atividade consiste em discutir com os gestores a validade das informações constantes no documento com a realidade das atividades requeridas pelo cargo.

Legislação

O profissional de RH deve conhecer a legislação que norteia as ações de estruturação do plano de cargos e salários, principalmente a cláusula do acordo ou convenção da categoria profissional dos funcionários, que disciplina sobre a matéria "piso salarial". O piso salarial é o valor mínimo de referência que a categoria deve respeitar quando valorizar seus cargos. Outra matéria importante de observação é a Súmula nº 6 do Tribunal Superior do Trabalho (TST), que disciplina a matéria sobre "equiparação salarial":

> EQUIPARAÇÃO SALARIAL. ART. 461 DA CLT (redação do item VI alterada) – Res. 198/2015, republicada em razão de erro material – DEJT divulgado em 12, 15 e 16.06.2015.

> I – Para os fins previstos no § 2º do art. 461 da CLT, só é válido o quadro de pessoal organizado em carreira quando homologado pelo Ministério do Trabalho, excluindo-se, apenas, dessa exigência o quadro de carreira das entidades de direito público da administração direta, autárquica e fundacional aprovado por ato administrativo da autoridade competente. (ex-Súmula nº 06 – alterada pela Res. 104/2000, DJ 20.12.2000)

Pesquisa de Salários e Benefícios

A próxima fase é a pesquisa salarial, que serve para comparar as características dos cargos e salários praticados no mercado com os da empresa (abaixo, na média ou acima da média). Outro ponto importante é avaliar o nível de competitividade do cargo e do salário em relação às oportunidades de permanência do funcionário ou ameaças rotatividade eminente.

Regras para a realização de uma pesquisa salarial:

➤ preparar o material (descrições e especificações dos cargos), separando por grupos ocupacionais;
➤ selecionar as empresas respondentes:
  • entre 5 a 8 empresas;
  • do mesmo ramo de atividade;
  • do mesmo porte ou próximo;
  • não se afastar da mesma região geográfica.

O resultado da pesquisa revela os modelos de remuneração e de gestão de pessoas que as empresas concorrentes praticam, servindo de insumo para decisões que possam valorizar a permanência dos funcionários na empresa.

Como estratégia, a área de RH pode complementar a pesquisa solicitando que as empresas informem também os benefícios oferecidos e a respectiva política de participação (plano de assistência médica, odontológico, auxílio alimentação, segura de vida, previdência privada, bolsa de estudos, idiomas etc.), indicadores importantes que agregam valor a remuneração dos funcionários. Assim, a pesquisa pode proporcionar melhores condições para os gestores definirem sua própria política de cargos, salários e benefícios.

Tratamento dos Dados da Pesquisa

Por se tratar de uma pesquisa quantitativa, a estatística é o melhor instrumento de aferição e de tabulação dos dados recebidos. Normalmente, as estatísticas utilizadas para comparar os modelos de remuneração pesquisados são: média, mediana, quartil, decil e percentil. O profissional de RH é o mais habilitado para executar essa atividade.

Para estruturas com até 20 cargos, o decil e o percentil aumentariam o número de variáveis para a finalidade desta obra. Portanto, os exemplos abordarão apenas média, mediana e quartil.

Estatísticas Básicas

As medidas estatísticas mais utilizadas para o tratamento dos dados coletados na pesquisa salarial são:

➤ **1º quartil:** é o conjunto de dados dividido em quatro partes iguais, representado por 25% da amostra.
  Exemplo: 1.000,00; **1.200,00**; **1.500,00**; 1.800,00; 2.100,00; 2.200,00; 2.600,00
  1.200,00 + 1.500,00 = 2.700,00 / 2 = **1.350,00**

> **Média:** é o valor típico que tende a se localizar em um ponto central de um conjunto de dados. A MÉDIA significa o ponto de equilíbrio.
> Ex.: 1.000,00; 1.200,00; 1.500,00; 1.800,00; 2.100,00; 2.200,00; 2.600,00
> 1.000,00 + 1.200,00 + 1.500,00 + 1.800,00 + 2.100,00 +
> 2.200,00 + 2.600,00 = 12.400,00 / 7 = **1.771,43**

> **Mediana ou 2º quartil:** é o valor central de um conjunto de dados organizados em ordem de grandeza.
> Se o conjunto tiver um número **ímpar** de dados, a mediana é o valor central.
> **Mediana** = 1.000,00; 1.200,00; 1.500,00; **1.800,00**; 2.100,00; 2.200,00;
> 2.600,00
> Se o conjunto tiver um número **par** de dados, divide-se os valores centrais por 2.
> **Mediana** = 1.000,00; 1.200,00; **1.500,00**; **1.800,00**; 2.100,00; 2.200,00
> 1.500,00 + 1.800,00 = 3.300,00 / 2 = **1.650,00**

> **3º quartil:** é o conjunto de dados dividido em quatro partes iguais, representado por 75% da amostra.
> 1.000,00; 1.200,00; 1.500,00; 1.800,00; **2.100,00**; **2.200,00**; 2.600,00
> 2.100,00 + 2.200,00 = 4.300,00 / 2 = **2.150,00**

Figura 4.3

Curva salarial.

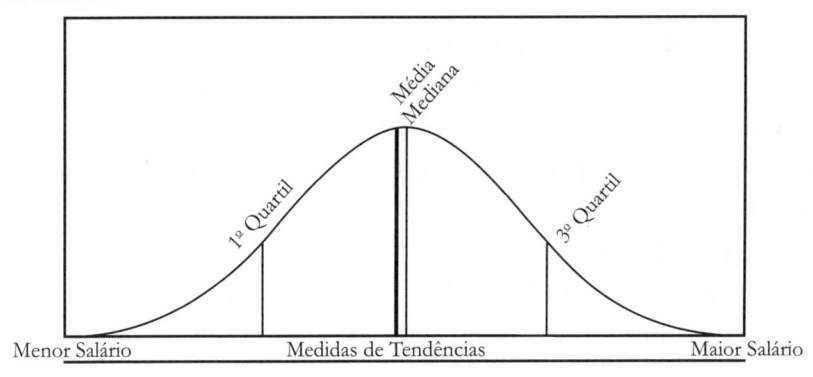

Avaliação dos Cargos

A fase seguinte é a de estabelecimento da hierarquia de cargos ou de classificação por níveis de importância, de acordo com a capacidade de cada cargo produzir resultados para a empresa. Normalmente, o profissional de Recursos Humanos reúne os gestores ou as pessoas indicadas por eles para formar um Comitê de Avaliação.

Esse comitê terá a responsabilidade de comparar e avaliar as descrições e as especificações de cargos, utilizando métodos qualitativos e quantitativos, de

acordo com a mediação de profissional de RH. São requisitos necessários para participar do comitê:

> conhecer as diretrizes da empresa (missão, visão e valores);
> responsabilidade pelas ações do departamento que representa;
> imparcialidade na avaliação de cargos de outros departamento;
> trabalho em equipe;
> avaliar com foco na empresa.

Métodos de Avaliação de Cargos

Os métodos mais utilizados para a avaliação de cargos são o escalonamento e o sistema de pontos.

Escalonamento

Método qualitativo, simples, que procura comparar os cargos do grupo ocupacional de acordo com a complexidade das atividades constantes no documento de Descrição do Cargo. O comitê deve encontrar informações nos documentos que possam diferenciar um do outro pelo critério de importância e, assim, decidir. O profissional de RH é responsável pela orientação e pelos esclarecimentos sobre como realizar a avaliação.

Para auxiliar na decisão do gestor, utiliza-se um formulário padronizado, que compara diretamente um cargo (horizontal) ao outro (vertical) fazendo a seguinte pergunta:

> o cargo na linha horizontal é mais ou menos importante que o cargo na vertical?
  - O cargo mais importante que o comparado (+).
  - O cargo menos importante que o comparado (-).

O avaliador soma as respostas e totaliza apenas as respostas (+), criando a classificação do mais importante para o menos importante (conforme a quantidade de + recebido).

Após a avaliação individual, os avaliadores do comitê se reúnem para a tabulação final dos resultados. A tabulação simula a presença de sete avaliadores.

> Cada coluna vertical apresenta o total de cada avaliador.
> Soma-se o resultado de cada cargo entre os avaliadores (linha horizontal).
> Calcula-se a média dos resultados dos avaliadores.
> Quanto maior for a média, maior será a importância do escalonamento proposto.

Tabela 4.5

Exemplo de formulário de escalonamento (individual)

Avaliador 1

	Analista de Operações	Analista de Gestão da Qualidade	Eletricista de Manutenção Industrial	Mecânico de Manutenção	Almoxarife	Total
Analista de Operações	+	+	+	+	+	5
Analista de Gestão da Qualidade	-	+	-	-	+	2
Eletricista de Manutenção Industrial	-	+	+	+	+	4
Mecânico de Manutenção	-	+	-	+	+	3
Almoxarife	-	-	-	-	+	1

Resultado do Avaliador 1

1º – Analista de Operações
2º – Eletricista de Manutenção Industrial
3º – Mecânico de Manutenção

4º – Analista de Gestão da Qualidade
5º – Almoxarife

Tabela 4.6

Exemplo de tabulação dos dados (comitê)

Cargos	1	2	3	4	5	6	7	Soma	Média	Escalonamento Proposto
Analista de Operações	5	5	5	5	5	5	5	35	5	1
Analista de Gestão da Qualidade	2	2	3	3	5	3	3	21	3	3
Eletricista de Manutenção Industrial	4	4	4	4	3	2	2	23	3,28571	2
Mecânico de Manutenção	3	3	2	3	2	3	4	20	2,85714	4
Almoxarife	1	2	1	1	1	1	1	8	1,14285	5

Resultado do Comitê

1º – Analista de Operações
2º – Eletricista de Manutenção Industrial
3º – Analista de Gestão da Qualidade

4º – Mecânico de Manutenção
5º – Almoxarife

Neste exemplo, é possível notar a diferença no escalonamento entre o avaliador 1 e os resultados do comitê, caracterizando a importância do trabalho coletivo e do equilíbrio nas decisões do comitê.

Sistema de Pontos

Método quantitativo que procura comparar os cargos do grupo ocupacional de acordo com as informações constantes nas Especificações dos Cargos. É utilizado em estruturas mais complexas e que demandam cuidados quanto aos critérios definidos nas especificações. O comitê deve encontrar nos documentos informações que possam diferenciar um do outro pelo critério de importância e, assim, pontuá-los. O profissional de RH é responsável pela orientação e pelos esclarecimentos sobre como realizar a avaliação.

A pontuação que o cargo receberá será relacionada nos fatores definidos no Desenho de Cargos (Capítulo 3), como: instrução, conhecimentos, experiência profissional, entre outros que o cargo exija.

O método requer o cumprimento de algumas etapas, como: definição dos grupos da tabela, definição e cálculo de ponto máximo e mínimo, e cálculo da variação entre os pontos.

Tabela 4.7

Exemplo de tabela de especificações

Fatores	O que especificar
Instrução	Instrução formal obtida em cursos oficiais e de extensão ou especialização.
Conhecimento	Conhecimentos essenciais exigidos para o exercício do cargo.
Experiência	Tempo estimado para que o ocupante do cargo, desde que possua os conhecimentos exigidos, possa desempenhar normalmente as tarefas que compõem o cargo em análise.
Iniciativa/complexidade	Relato da complexidade das tarefas, do grau de supervisão recebida pelo ocupante para o desempenho de suas atividades e do discernimento, julgamento ou decisão exigidos para a solução de problemas. Esse fator pode também ser desmembrado em iniciativa, complexidade das tarefas e supervisão recebida.
Responsabilidade por supervisão	Relato da extensão da supervisão exercida, em que é verificado o número de subordinados e a natureza da supervisão (complexidade das tarefas supervisionadas).
Responsabilidade por máquinas e equipamentos	Considera a responsabilidade exigida em relação ao manejo, manutenção e guarda de máquinas, ferramentas e equipamentos, bem como prevenção contra estragos ou prejuízos por causa de descuido.

Fatores	O que especificar
Responsabilidade por numerários	Considera a responsabilidade exigida do ocupante do cargo pela guarda e pelo manuseio de dinheiro, títulos e documentos da companhia, assim como pela possibilidade de perda deles.
Responsabilidade por erros	Considera o risco de ocorrência de erros na execução do trabalho que possam afetar a imagem da companhia ou trazer prejuízos para ela.
Responsabilidade por materiais e produtos	Considera a responsabilidade por materiais ou produtos (matéria--prima, produtos acabados, fluidos etc.) sob custódia do ocupante do cargo e a extensão e a probabilidade de prejuízos financeiros ou operacionais que possam resultar em razão do exercício do cargo.
Responsabilidade por segurança de terceiros	Considera a possibilidade de ocorrência de acidentes a que se exponham outros colaboradores, na realização das tarefas pelo ocupante do cargo, mesmo agindo nos padrões de segurança exigidos pela empresa.
Esforço mental e visual	Exigência de concentração ou atenção mental ou visual requerida do ocupante do cargo. Devem ser determinadas a frequência, a intensidade e a continuidade do esforço mental e visual.
Responsabilidade por contatos	Considera a natureza dos contatos efetuados pelo ocupante do cargo para resultados do seu trabalho. Devem ser evidenciados o objetivo, a frequência e a hierarquia das pessoas com quem são mantidos os contatos, bem como se são externos ou internos.
Esforço físico	Exigências quanto ao esforço físico requerido do ocupante do cargo, que envolvam posições incômodas, carregamento de pesos, bem como a intensidade dessa exigência no trabalho.
Risco	Considera a possibilidade de ocorrência de acidentes com o próprio ocupante do cargo, apesar da observância das normas de segurança. Deve ser evidenciada a frequência de exposição, a probabilidade e a gravidade das lesões provenientes dos possíveis acidentes.
Condições de trabalho	Considera as condições físicas do ambiente de trabalho do ocupante do cargo, como ruído, calor, sujeira, vibrações, gases, fumaça etc.

Fonte: Pontes (2011).[16]

Definição dos Grupos, Ponto Máximo e Cálculo de Ponto Mínimo

O comitê é responsável pela definição dos grupos, pontos mínimos e máximos nos quais os cargos serão alocados após a pontuação das especificações. Não há uma regra específica para a decisão da quantidade de grupos. Cada grupo representa uma classificação, sendo que quanto maior for o número de pontos que o cargo tiver, maior será sua importância e seu valor no organograma.

a. Iniciar com a definição do ponto máximo da tabela. Essa pontuação servirá de base para a distribuição das escalas. Neste caso, utilizou-se **1.000** pontos como referência.

---

16 PONTES, B.R. **Administração de cargos e salários**. 15. ed. São Paulo: LTR, 2011.

b. Calcular o ponto mínimo da tabela representado por uma variação entre 9% e 12%. Neste caso, utilizou-se 10% para o cálculo:

Pontuação máxima × % de intervalo

1.000 × 10% = 100 (ponto mínimo)

c. Calcular a variação entre pontos mínimos e máximos da escala:

$$\frac{\textbf{Ponto Máximo} - \textbf{Ponto Mínimo}}{\textbf{Número de Grupos}} \quad \frac{1000 - 100}{10} = 90$$

Tabela 4.8

Exemplo de tabela de grupos e pontos

Grupos	Mínimo	Máximo
1	100	190
2	191	280
3	281	370
4	371	460
5	461	550
6	551	640
7	641	730
8	731	820
9	821	910
10	911	1.000

Tabela de Fatores de Avaliação

De acordo com a definição dos fatores importantes de especificação dos cargos, passa-se então a construir a tabela de fatores de avaliação.

Tabela 4.9

Exemplo de tabela de fatores de avaliação

Fatores de avaliação	Ponderação
Instrução	40%
Experiência	30%
Iniciativa/complexidade	10%
Conhecimentos	8%
Esforço mental e visual	7%
Condições de trabalho	5%
Total	100%

 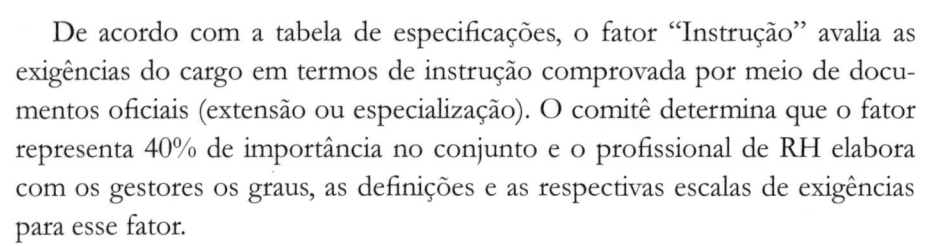

De acordo com a tabela de especificações, o fator "Instrução" avalia as exigências do cargo em termos de instrução comprovada por meio de documentos oficiais (extensão ou especialização). O comitê determina que o fator representa 40% de importância no conjunto e o profissional de RH elabora com os gestores os graus, as definições e as respectivas escalas de exigências para esse fator.

Cálculo do Ponto Máximo

Ponto Máximo × % do fator $\qquad$ $1.000 \times 40\% = 400$

Cálculo do Ponto Mínimo

Ponto Máximo do Fator × 10% de variação $\quad 400 \times 10\% = 40$

Cálculo dos intervalos entre os graus

$$PA = \frac{an - a_1}{N - 1} \qquad \frac{400 - 40}{7 - 1} = 60$$

Onde:

an = ponto máximo do fator

a_1 = ponto mínimo do fator

N = número de graus do fator

Tabela 4.10

Exemplo de tabela do fator "Instrução"

Graus	Definições	Pontos
A	Ensino Fundamental I (1º a 5º ano)	**40**
B	Ensino Fundamental II (6º ao 9º ano)	100
C	Curso(s) de qualificação profissional	160
D	Ensino Médio completo e curso(s) de qualificação profissional (exemplo: técnico)	220
E	Curso superior incompleto e conhecimentos da função	280
F	Curso superior completo	340
G	Curso superior completo e curso(s) de especialização	**400**

Esse procedimento deve ser realizado para os demais fatores (experiência, iniciativa/complexidade, conhecimentos, esforço mental e visual e condições de trabalho). Da mesma forma que ocorrer no método de Escalonamento, cada avaliador fará a comparação entre os cargos e pontuará de acordo com cada tabela de fator.

O total de pontos atribuídos pelo avaliador deve ser comparado com a tabela de grupos e pontos, localizando a qual grupo o cargo pertence.

Tabela 4.11

Exemplo de formulário de avaliação e comparação de cargos (individual)

Avaliador 1

Avaliação e comparação de cargos – sistema de pontos (individual)								
Cargos	Fatores						Total de pontos	Grupo
	Instr.	Exper.	Inic./ Compl.	Conh.	Esf. M/V	Cond. Trab.		
Analista de Operações	280	190	150	120	80	100	**920**	**10**
Analista de Gestão da Qualidade	240	170	120	120	60	80	**790**	**8**
Eletricista de Manutenção Industrial	220	150	90	90	30	50	**630**	**6**
Mecânico de Manutenção	220	120	110	70	30	20	**570**	**6**
Almoxarife	160	100	120	60	20	20	**480**	**5**

Resultado

1º (grupo 10) – Analista de Operações
2º (grupo 8) – Analista de Gestão da Qualidade
3º (grupo 6) – Eletricista de Manutenção Industrial
4º (grupo 6) – Mecânico do Manutenção
5º (grupo 5) – Almoxarife

Observação: os cargos que ficaram em 3º e 4º lugar pertencem ao mesmo grupo, porém com pontuações diferentes. Ou seja, a diferença de pontos responde pela importância do cargo em relação ao outro (630 e 570 pontos).

Após a avaliação individual, os avaliadores do comitê se reúnem para a tabulação final dos resultados. A tabulação simula a presença de sete avaliadores.

> Cada linha horizontal apresenta o total de pontos de cada fator avaliado pelos participantes.

> Soma-se o resultado de cada cargo entre os avaliadores (horizontal) e calcula-se a média simples.

> Em seguida, sugere-se que a média seja arredondada quando houver fração (pontos propostos).

> Deve-se comparar o total de pontos propostos com a tabela de grupos e pontos, assinalando o grupo ao qual o cargo pertence. Quanto maior for o grupo assinalado, maior será a importância do cargo no conjunto avaliado.

Tabela 4.12

Exemplo de tabulação dos dados (comitê)

Tabela de tabulação de cargos – sistema de pontos										
Cargos	Avaliadores							Média	Pontos propostos	Grupo proposto
	1	2	3	4	5	6	7			
Analista de Operações	920	810	790	870	812	800	798	**828,57**	**829**	**10**
Analista de Gestão da Qualidade	790	730	680	780	700	790	703	**739**	**739**	**8**
Eletricista de Manutenção Industrial	630	628	601	640	619	680	612	**630**	**630**	**6**
Mecânico de Manutenção	570	564	514	560	486	590	501	**540,71**	**541**	**6**
Almoxarife	480	346	320	490	440	424	345	**406,43**	**407**	**5**

Resultado

1º (grupo 10) – Analista de Operações
2º (grupo 8) – Analista de Gestão da Qualidade
3º (grupo 6) – Eletricista de Manutenção Industrial
4º (grupo 6) – Mecânico do Manutenção
5º (grupo 5) – Almoxarife

Observação: nota-se que o resultado da classificação dos cargos não se altera em relação ao resultado dos avaliadores do comitê deste exemplo.

Após serem finalizadas as etapas do planejamento de implementação de cargos e salários, cabe ao profissional de RH orientar o comitê na elaboração da tabela salarial (faixas progressivas) e a política que regulamentará o sistema de remuneração na empresa.

✓ Sistemas de Remuneração

As pessoas trabalham em troca de alguma coisa: salário, *status*, poder, entre outras. Por outro lado, as organizações precisam das pessoas para atingirem seus objetivos organizacionais. A remuneração é o investimento que as empresas fazem em recompensa às pessoas que nela trabalham para atingirem seus objetivos. Para o trabalhador, as recompensas são vistas como o retorno dos recursos pessoais que foram investidos no trabalho.

Recompensas Organizacionais

As recompensas organizacionais são retornos dados aos funcionários em troca do trabalho prestado. Podem ser financeiras e não financeiras.

As financeiras podem ser:

➤ salários e adicionais (comissões, horas extras, descanso semanal remunerado [DSR] sobre horas extras e outros);

➤ férias, gratificações, gorjetas, 13º salário e outros que são pagos em dinheiro.

As não financeiras podem ser elogios, admiração, reconhecimento, segurança no trabalho, qualidade de vida, oportunidade de crescimento, orgulho da empresa e do trabalho, liberdade e autonomia no trabalho, entre outras que atendam às necessidades do ego e que não são pagas em dinheiro.

Remuneração Total

A remuneração total é composta por salário, adicionais, benefícios e incentivos.

Salário

É a quantia que o funcionário recebe do empregador, em dinheiro ou equivalente, pelos serviços que prestou durante um determinado período. O salário pode ser por hora, por mês ou por tarefa.

> Art. 457 da CLT – Compreendem-se na remuneração do empregado, para todos os efeitos legais, além do salário devido e pago diretamente pelo empregador, como contraprestação do serviço, as gorjetas que receber.
>
> § 1º – Integram o salário, não só a importância fixa estipulada, como também as comissões, percentagens, gratificações ajustadas, diárias para viagens e abonos pagos pelo empregador.
>
> § 2º – Não se incluem nos salários as ajudas de custo, assim como as diárias para viagem que não excedam de cinquenta porcento do salário recebido pelo empregado (red. L. nº 1.999/53).
>
> § 3º – Considera-se gorjeta não só a importância espontaneamente dada pelo cliente ao empregado, como também aquela que for cobrada pela empresa ao cliente, como adicional nas contas, a qualquer título, e destinada à distribuição aos empregados (red. DL nº 229/67).

Devem ser observados convenções e acordos sindicais que determinam o piso salarial da categoria profissional.

A administração de salários dentro de uma organização é imprescindível para que ocorra a justiça em relação aos esforços e aos valores recebidos por estes.

Também é relevante levar em consideração o ambiente externo, ou seja, como as companhias concorrentes administram o salário do seu pessoal. A administração de salários compõe-se de um conjunto de normas e de procedimentos utilizados para manter a estrutura de salários equitativos na organização, que tenha equilíbrio interno (compatibilidade de salários dentro da organização) e externo (compatibilidade com o mercado).

Benefícios

Os benefícios são considerados como salário indireto ou como complemento ao salário, pois garantem a satisfação das necessidades básicas dos empregados. Os benefícios podem ser:

> **Compulsórios:** aqueles que atendem às exigências da lei ou de acordos coletivos de trabalho. São eles: 13º salário, salário-família, férias, aposentadoria, seguro de acidentes de trabalho, auxílio-doença, auxílio-maternidade etc.

> **Espontâneos[17]:** aqueles que as empresas oferecem aos empregados por vontade própria. São eles: restaurante, seguro de vida, assistência médica, transporte próprio, cesta básica, seguro de acidentes pessoais, veículo, clube, combustível, assistência odontológica, estacionamento, horário móvel, creche para os filhos, agência bancária no local do serviço, entre outros.

É importante observar que um benefício, que é espontâneo em uma empresa (por exemplo, creche) pode ser compulsório em outra (por exemplo, se um acordo coletivo colocá-lo como obrigatório).

Em muitas empresas, os benefícios que auxiliam na manutenção de baixos índices de rotatividade e ausências tornam as empresas mais competitivas no mercado (no que se refere à mão de obra qualificada) e estão relacionados aos aspectos de responsabilidade social da organização.

As origens dos benefícios devem-se:

> à competição entre as organizações na disputa para atrair os melhores profissionais (as pessoas costumam optar pelas empresas de acordo com os benefícios que estas oferecem);

> às exigências dos sindicatos e dos acordos coletivos;

> às exigências da legislação trabalhista e previdenciária;

> aos meios lícitos de dedução de impostos para as empresas;

> por não recaírem encargos sociais sobre os benefícios, o que é uma grande vantagem para a empresa.

---

17 Se o espontâneo ultrapassar 20%, incorpora-se ao salário e reflete nos ganhos (13º).

Existem planos flexíveis de benefícios. Nas empresas que os adotam, os empregados têm a opção de escolher, entre os benefícios disponíveis, aqueles que acham mais interessantes.

Incentivos Salariais

São programas para recompensar funcionários com bom desempenho (bônus, participação nos resultados etc.).

A remuneração variável está ligada ao conceito de incentivos salariais. Segundo Chiavenato (2004), os métodos de remuneração variável mais usados são:

> - **Planos de bonificação anual:** é um valor monetário oferecido ao final de cada ano a determinados funcionários em função de sua contribuição ao desempenho da empresa.
> - **Distribuição de ações da empresa aos empregados:** a distribuição do bônus é substituída por papéis da companhia. A empresa distribui ações gratuitamente a determinados funcionários ou as vende a preços bem inferiores aos do mercado.
> - **Participação nos resultados alcançados:** porcentagem ou fatia de valor com que cada pessoa participa dos resultados da empresa ou do departamento que ajudou atingir por meio do seu trabalho pessoal ou em equipe.
> - **Remuneração por competência (também conhecida por remuneração por habilidade ou por qualificação profissional):** sistema premia habilidade ou comportamento do funcionário. O foco é a pessoa, e não o cargo. Pessoas que ocupam o mesmo cargo podem receber salários diferentes de acordo com a sua competência.
> - **Distribuição de lucros:** a empresa distribui anualmente entre seus funcionários uma proporção de seus lucros (regulamentada pela MP nº 794/1994 – já prevista na Constituição de 1946).

Decisões sobre o Plano de Remuneração

Além da análise de cargos e salários, para que a elaboração de um plano de remuneração seja justa, os seguintes fatores devem ser levados em consideração:

> - A empresa deve decidir se pagará remuneração fixa (salário mensal ou por hora) ou remuneração variável (por resultados, participação acionária, comissões etc.) ou ambas.
> - Deve decidir se recompensará as pessoas por desempenho ou por tempo de casa (dando triênios, uma porcentagem para cada três anos trabalhados; quinquênios, a cada cinco anos, ou outro tempo estabelecido por ela).

> Decidir se a empresa trabalhará com a remuneração do cargo ou remuneração da pessoa (remuneração por competências).

> Remuneração abaixo ou acima do mercado (se for abaixo, deve recompensar com benefícios para não perder ou atrair mão de obra qualificada).

> Se trabalhará com prêmios monetários (incentivos) ou não monetários (recompensas não financeiras).

> Se usará remuneração aberta (todos sabem quanto os outros ganham) ou remuneração confidencial.

Desde o início da história da administração empresarial, o valor aplicado ao esforço produzido pelo homem no posto de trabalho vinha sendo objeto de estudos, pois uma variedade de incentivos financeiros, além do salário, não despertava a motivação necessária para atingir metas estabelecidas pela empresa.

A remuneração não representava a percepção de valor que o trabalhador esperava, como:

> percepção de futuro na empresa em termos de desenvolvimento pessoal e profissional;

> metas objetivas que representassem aperfeiçoamento das capacidades e habilidades;

> satisfação plena no cargo;

> orgulho por trabalhar na empresa;

> realização pelo trabalho executado e respectivo reconhecimento pelo seu superior imediato;

> participação nos projetos de melhoria contínua.

As empresas começaram a perceber que os incentivos financeiros não eram suficientes para alavancar as suas metas e seus objetivos estratégicos. Por isso o tema remuneração é tão complexo nos meios empresariais, sendo o mais importante elo entre a empresa e o trabalhador.

Daí a necessidade de criar sistemas de remuneração capazes de preencher essas lacunas, que fazem a diferença para o comprometimento das pessoas com o negócio da empresa e que fazem com que elas estejam realmente inseridas nos postos de trabalho.

O investimento das pessoas na empresa precisa ser tão importante quanto a capacidade de recompensa que ela possa dar para cada cargo e cada pessoa envolvida, de modo a satisfazer as partes com equidade, respeitando as igualdades e tratando o desempenho individual com justiça, de maneira que as pessoas entendam as diferenças.

As pessoas precisam ser remuneradas pela sua disposição em contribuir com o sucesso da empresa, por meio de seus conhecimentos, suas habilidades, suas competências e seus comportamentos no ambiente de trabalho. O valor que a pessoa representa para a empresa deve ser a base de cálculo para a sua valorização, que é uma tendência que já está se tornando prática em grandes organizações no mundo.

O que as empresas não devem é remunerar sua força de trabalho apenas por metas fixas e efêmeras, que incorporam ao dia do trabalhador e perdem o objetivo, e, sim, incentivá-lo a conquistar metas cada vez maiores para o futuro. As companhias devem se impor o desafio de acompanhar uma estrutura salarial e um processo de comunicação eficientes, que valorize a participação de todos no processo de geração de negócios, no qual a remuneração seja compatível com o crescimento da empresa.

Os sistemas de remuneração precisam estar relacionados com o desenvolvimento da empresa, sem permanecerem estáticos como a cultura organizacional. Cada um tem que se aperfeiçoar diante das mudanças ocorridas e das que ocorrerão, pois dessa forma é que as empresas poderão fazer a diferença no mercado competitivo de trabalho, com uma força de trabalho comprometida com o seu sucesso.

✓ Estudo de Caso

Justiça interna e competitividade externa são a marca de um projeto de Cargos e Salários e Sistemas de Remuneração da clínica. Quanto aos cargos, é imprescindível que as ações reflitam essa realidade, em uma postura administrativa estratégica que valorize os funcionários.

Valorizar um cargo requer um trabalho técnico bem-equilibrado, em que a responsabilidade profissional esteja em foco. Além disso, esse equilíbrio deve refletir no cargo, no homem e no salário, pois somente assim a empresa conseguirá a credibilidade dos funcionários e a retenção deles a longo prazo.

Busque refletir sobre o capítulo e apresente uma estratégia para valorizar os cargos existentes nessa empresa médica.

✓ Medicina e Segurança do Trabalho

Refere-se a um conjunto de normas e procedimentos (NRs) que visa à prevenção e à proteção da integridade física e mental do trabalhador, preservando-o dos riscos de saúde inerentes às atividades do cargo e ao ambiente físico em que são executadas.

Está relacionada à profilaxia e à prevenção de doenças e de acidentes. Envolve as responsabilidades legais e morais de assegurar um ambiente de trabalho

livre de riscos desnecessários e de condições ambientais que possam provocar danos ao funcionário.

Saúde do Trabalhador

Estudos apontam que os índices de doenças e de mortalidade variam consideravelmente entre pessoas em diferentes ocupações. Cada ocupação é estudada quanto ao risco que pode provocar à saúde do trabalhador.

Na relação entre doença e trabalho, considera-se que o ambiente de trabalho contribui de várias maneiras para a saúde física e o bem-estar psicológico dos funcionários. Doenças ocupacionais e acidentes de trabalho podem ser administrados e prevenidos. Quando acontecem, geram custos elevados para as empresas e as pessoas.

Tabela 4.13

Relação entre algumas doenças e a ocupação do trabalhador

Doenças	Ocupações
Infecções, contágios	Dentista, enfermeiro, médico e outros profissionais da saúde.
Perdas auditivas	Carregador de bagagens em aeroportos, músico e outros trabalhadores expostos a ambientes ruidosos (acima do permitido pela legislação em decibéis).
Doenças respiratórias	Dedetizador, oleiro, carvoeiro e outros trabalhadores expostos a poeiras nocivas à saúde.
Lesões por Esforços Repetitivos (LER)/Distúrbios Osteomusculares Relacionados ao Trabalho (Dort)	Digitador, operador de máquinas, merendeira e outros trabalhadores que, por características do cargo, exercem movimentos habituais e corriqueiros.
Reumáticas e outras doenças relacionadas à exposição ao calor ou frio excessivo	Trabalhadores que estão expostos a temperaturas extremas.

Programas de Prevenção de Doenças e Acidentes

Os programas de prevenção de doenças e acidentes do trabalho (que determinarão as medidas a serem tomadas para preservar a saúde do trabalhador ou evitar acidentes) são desenvolvidos de acordo com o ramo de atividades da empresa. Os programas mais comuns serão apresentados a seguir.

No ambiente físico de trabalho

➤ **Iluminação:** adequação da iluminação (luz) no ambiente de trabalho.
➤ **Ventilação:** adequação da ventilação, principalmente em ambientes poluídos (sugere-se a colocação de exaustores para corrigir esse ambiente insalubre).

> **Alternativas para o trabalho em temperatura extremada:** muito frio, como nos frigoríficos, ou muito calor, como nas têmperas de vidro (sugere--se o uso de capas térmicas e/ou impermeáveis).

> **Locais com ruído excessivo:** uso de protetores auriculares ou salas acústicas (como nos aeroportos).

> **Substâncias tóxicas (poeiras ou substâncias corrosivas):** uso de luvas e máscaras conforme a atividade da substância no organismo.

> **EPIs:** capacetes de segurança, protetor facial, máscara com filtro, luvas, óculos de segurança, entre outros, são chamados de Equipamentos de Proteção Individual (EPI). São de uso obrigatório para determinadas ocupações e devem ser oferecidos gratuitamente pela empresa, além dos Equipamentos de Proteção Coletiva (EPC), que são aplicados no ambiente de trabalho com o objetivo de proteger o coletivo (kit de primeiros socorros, corrimão, pisos antiderrapantes etc.).

NR 9 – PROGRAMA DE PREVENÇÃO DE RISCOS AMBIEN-TAIS Publicação Portaria GM nº 3.214, de 08 de junho de 1978 (DOU 06/07/78)

Alterações/Atualizações Portaria SSST nº 25, de 29 de dezembro de 1994 (DOU 30/12/90)

(Texto dado pela Portaria SSST nº 25, 29 de dezembro de 1994)

[...]

9.1.5 Para efeito desta NR, consideram-se riscos ambientais os agentes físicos, químicos e biológicos existentes nos ambientes de trabalho que, em função de sua natureza, concentração ou intensidade e tempo de exposição, são capazes de causar danos à saúde do trabalhador.

9.1.5.1 Consideram-se agentes físicos as diversas formas de energia a que possam estar expostos os trabalhadores, como: ruído, vibrações, pressões anormais, temperaturas extremas, radiações ionizantes, radiações não ionizantes, bem como o infrassom e o ultrassom.

9.1.5.2 Consideram-se agentes químicos as substâncias, compostos ou produtos que possam penetrar no organismo pela via respiratória, nas formas de poeiras, fumos, névoas, neblinas, gases ou vapores, ou que, pela natureza da atividade de exposição, possam ter contato ou ser absorvidos pelo organismo através da pele ou por ingestão.

9.1.5.3 Consideram-se agentes biológicos as bactérias, fungos, bacilos, parasitas, protozoários, vírus, entre outros.

No ambiente psicológico de trabalho

Segundo Chiavenato (2004, p. 431), estão relacionados ao ambiente psicológico de trabalho:

> relacionamentos humanos agradáveis;
> tipo de atividade agradável e motivadora;
> estilo de gerência moderada e gregária;
> eliminação de possíveis fontes de estresse.

Na ergonomia

A ergonomia é uma ciência composta de um conjunto de conhecimentos destinados a adaptar e adequar ao homem, como:

> máquinas e equipamentos;
> mobiliários e instalações;
> ferramentas e utensílios;
> salas e ambientes físicos.

Saúde Ocupacional

Saúde é um estado de bem-estar físico, mental e social (relações entre corpo, mente e padrões sociais). A saúde de um empregado pode ser prejudicada por doenças, acidentes ou estresse.

> Os principais problemas de saúde nas organizações estão relacionados com: 1) alcoolismo, dependência química de drogas, medicamentos, fumo etc.; 2) Aids é a síndrome da deficiência imunológica adquirida que ataca o sistema que protege o organismo de doenças; 3) estresse no trabalho; 4) exposição a produtos químicos perigosos, como ácidos, asbestos etc.; 5) exposição a condições ambientais frias, quentes, contaminadas, secas, úmidas, barulhentas, pouco iluminadas etc.; 6) hábitos alimentares inadequados: obesidade ou perda de peso; 7) vida sedentária, sem contatos sociais e sem exercícios físicos; 8) automedicação, sem cuidados médicos adequados. (CHIAVENATO, 2004, p. 432)

O Programa de Controle Médico e Saúde Ocupacional (NR 7 – PCMSO) é obrigatório e cuida do controle dos exames médicos exigidos pela legislação trabalhista, previdenciária, de segurança e medicina do trabalho.

As empresas precisam contratar um médico do trabalho (registro em carteira ou terceiro habilitado) para ser o responsável pelo cronograma de ações em conjunto com os Recursos Humanos.

Os exames médicos exigidos pela legislação são os seguintes:

> exame admissional (quando o funcionário é admitido na empresa);
> exames periódicos (estipulados pelo médico responsável);
> exame de retorno ao trabalho (quando há afastamento do funcionário);
> exame por ocasião de mudança de cargo;

➤ exame demissional (quando o funcionário é desligado da empresa tanto como demissionário quanto como demitido).

Observação: algumas empresas mantêm em suas dependências, além do Programa de Controle Médico e Saúde Ocupacional (PCMSO), um ambulatório médico aparelhado com o objetivo de promover os primeiros atendimentos em virtude de acidentes, doenças e outros auxílios. Cabe ao médico do trabalho orientar os atendimentos necessários.

Jornada de Trabalho

São dignos de atenção especial os turnos da noite e os turnos excessivos, que podem ultrapassar o período permitido pela legislação.

Jornada de Trabalho Noturno

No Brasil, a jornada de trabalho normal não pode ser superior a oito horas diárias e 44 horas semanais. Não é permitido suplementar atividades além da jornada normal diária, que ultrapassem duas horas; também o intervalo entre uma jornada de trabalho e outra não pode ser inferior a 11 horas. É considerada jornada de trabalho noturno do trabalhador urbano, diferente do período do trabalhador rural, aquela que se inicia às 22 horas e termina às 5 horas do dia seguinte.

Muitas empresas e organizações – como hospitais e delegacias de polícia – funcionam em turnos ininterruptos de 24 horas (é exceção para algumas atividades, mas que têm leis próprias). Cabe à empresa oferecer a melhor alternativa de trabalho para os funcionários, para que não infrinja as tolerâncias previstas na legislação vigente.

Outras empresas optam por horários fixos (o mesmo horário todos os dias) ou horários rotativos. As pesquisas de Barton e Folkard (*apud* SPECTOR, 2002, p. 287) constataram que funcionários que trabalham temporariamente em turnos da noite tinham maiores problemas relacionados ao sono do que aqueles que trabalhavam no período diurno. Isso explica o motivo de o empregado noturno, quando muda para o período diurno, nunca ter o adicional somado à remuneração, que é a indenização pela supressão salarial, como existe com a jornada extraordinária, uma vez que, mesmo tendo o salário diminuído, os benefícios à saúde são maiores – relevância ao Princípio Protetor da CLT.

Os problemas que ocorrem com frequência para as pessoas que trabalham à noite são:

➤ sono não reparador;

➤ barulho cotidiano (carros, pessoas);

> alteração nos ritmos circadianos (mudanças na temperatura do corpo e níveis anormais de hormônios na corrente sanguínea);
> problemas digestivos;
> problemas sociais (isolamento da família e dos amigos).

Segundo Totterdell, Spelten, Smith, Baron e Folkard (1995, *apud* SPECTOR, 2002, p. 288), uma solução para os efeitos do período noturno é permitir vários dias consecutivos de descanso por semana; outros recomendam um revezamento periódico entre turnos para evitar os males da jornada noturna.

Jornada Excessiva

Algumas empresas não obedecem à legislação e submetem seus trabalhadores a uma jornada de trabalho que excede o tempo permitido. Os trabalhadores, sem perceber a insalubridade desse ato, expõem-se aos riscos quanto à sua integridade física e mental.

A jornada de trabalho viável à saúde para a maioria das pessoas é no período compreendido entre a manhã e tarde, preferencialmente e no máximo de oito horas de trabalho. Porém, algumas ocupações exigem, por força de legislação específica, menos horas/dia, como é o caso da telefonista, e outras exigem jornadas mais longas, tidas como jornadas de revezamento, como médicos, enfermeiros, porteiros, seguranças, vigilantes, vendedores do comércio, motoristas de viagem etc. Aos cargos de confiança também não se exige o máximo de oito horas diárias.

Os problemas gerados pela jornada de trabalho excessiva são a fadiga e o estresse. No Brasil, observa-se ainda que muitos profissionais que trabalham 12 horas não descansam o correspondente, como é o caso de muitos médicos, enfermeiros e policiais, que, devido aos salários, acabam trabalhando em mais de um local (empresa e particular, por exemplo).

Segundo Spector (2002, p. 289), o Conselho Europeu, por exemplo, adotou regras, em meados da década de 1990, restringindo as horas de trabalho nos países-membros, incluindo o máximo de horas de trabalho por dia e por semana (13 e 48 horas, respectivamente).

Segurança do Trabalho

Consiste em um conjunto de medidas que tem por objetivo a prevenção de acidentes e a eliminação de causas de acidentes no trabalho.

> Segurança do trabalho é o conjunto de medidas técnicas, educacionais, médicas e psicológicas utilizadas para prevenir acidentes, quer eliminando as condições inseguras do ambiente, quer instruindo ou convencendo as

pessoas da implementação de práticas preventivas. Segurança do trabalho está relacionada com condições de trabalho seguras e saudáveis para as pessoas. (CHIAVENATO, 2004, p. 438)

É regida por Normas Regulamentadoras (NRs), constantes na Consolidação das Leis do Trabalho (CLT), que obrigam as empresas a coordenarem esforços para eliminarem ou, ao menos, reduzirem, as condições e os atos inseguros.

O acidente é um acontecimento involuntário. Segundo Chiavenato (2004, p. 442), existem duas causas básicas de acidente de trabalho: as condições e os atos inseguros.

➤ Um ato inseguro é aquele provocado pelo trabalhador, como um movimento errado, uma atitude impensada etc.

➤ Uma condição insegura pode ser, por exemplo, uma escada quebrada, uma pilha de material em desequilíbrio, a falta de equipamento de proteção etc.

Os acidentes de trabalho são classificados em:

➤ acidentes sem afastamento;

➤ acidentes com afastamento:

    a. incapacidade temporária (período inferior a um ano);

    b. incapacidade parcial permanente (período superior a um ano);

➤ incapacidade permanente total;

➤ morte do empregado.

Prevenção de Acidentes

Conforme a CLT e as Normas Regulamentadoras, as empresas devem instituir uma comissão formada pelos próprios funcionários, eleita pelo voto e com o objetivo de fiscalizar, apontar os problemas e propor soluções sobre os assuntos relacionados à segurança. Ela recebe o nome de Comissão Interna de Prevenção de Acidentes (Cipa) e, invariavelmente, é subordinada ao planejamento estratégico da área de Recursos Humanos.

A Cipa é formada por representantes eleitos pelos empregados (50%) e indicados pelo empregador (50%). Os representantes eleitos garantem estabilidade de até um ano após o final do seu mandato.

Os acidentes podem ser evitados por meio de:

➤ Eliminação das condições inseguras:

- uso da ergonomia, adaptando mobílias, maquinários e objetos ao homem;
- cuidados com o ambiente físico;
- fornecer Equipamentos de Proteção Individual (EPIs) e Equipamentos de Proteção Coletiva (EPCs).

Hywit Dimyadi/Shutterstock

> Redução dos atos inseguros:
  • educação;
  • treinamento;
  • uso de EPIs e EPCs;
  • uso do reforço positivo, reforço negativo e punição;
  • processo de seleção de pessoal.

Percebe-se que está muito presente a preocupação com o bem-estar geral e a saúde dos funcionários no desempenho de suas atividades nas empresas. São fatores que estão em discussão permanente no processo decisório estratégico nas empresas:

> condições ambientais;

> controle médico dos funcionários;

> agentes nocivos;

> riscos à saúde ocupacional;

> ergonomia;

> Lesões por Esforços Repetitivos (LER) e Distúrbios Osteomusculares Relacionados ao Trabalho (Dort);

> sobrecarga de atividades;

> pressão no trabalho;

> alimentação;

> manutenção preventiva de máquinas e equipamentos;

> relacionamento entre gestores e subordinados;
> qualidade de vida;
> qualidade e produtividade.

Determinar o ponto de equilíbrio entre a necessidade de produzir serviços ou produtos que atendam às necessidades e satisfaçam os consumidores, e a percepção dos parceiros quanto ao desenvolvimento do seu potencial humano, em um ambiente saudável e propício, vem demonstrando o quanto as empresas podem ser competitivas.

A visão estratégica dos Recursos Humanos, quando direcionada para essas fatores, fortalece sobremaneira o planejamento estratégico organizacional como um todo, pois quanto mais forem discutidas e compartilhadas com as pessoas as decisões sobre segurança do trabalho, menos incertezas e condições inseguras haverá.

O processo de treinamento, aconselhamento e acompanhamento contínuo das pessoas é que facilitará a implantação de políticas adequadas para diminuir a incidência de afastamentos ou ausências nos postos de trabalho, importantes fatores de prejuízos financeiros, humanos, psicológicos e sociais.

Tabela 4.14

Normas Regulamentadoras

1 – Disposições Gerais	10 – Segurança em Instalações e Serviços em Eletricidade
2 – Inspeção Prévia	11 – Transporte, Movimentação, Armazenagem e Manuseio de Materiais
3 – Embargo ou Interdição	12 – Segurança no Trabalho em Máquinas e Equipamentos
4 – Serviços Especializados em Engenharia de Segurança e em Medicina do Trabalho (SEESMT)	13 – Caldeiras e Vasos de Pressão
5 – Comissão Interna de Prevenção de Acidentes (Cipa)	14 – Fornos
6 – Equipamentos de Proteção Individual (EPI)	15 – Atividades e Operações Insalubres
7 – Programa de Controle Médico de Saúde Ocupacional	16 – Atividades e Operações Perigosas
8 – Edificações	17 – Ergonomia
9 – Programa de Prevenção de Riscos Ambientais (PPRA)	18 – Condições e Meio Ambiente de Trabalho na Indústria da Construção

19 – Explosivos	28 – Fiscalização e Penalidades
20 – Segurança e Saúde no Trabalho com Inflamáveis e Combustíveis	29 – Norma Regulamentadora de Segurança e Saúde no Trabalho Portuário
21 – Trabalho a Céu Aberto	30 – Norma Regulamentadora de Segurança e Saúde no Trabalho Aquaviário
22 – Segurança e Saúde Ocupacional na Mineração	31 – Norma Regulamentadora de Segurança e Saúde no Trabalho na Agricultura, Pecuária, Silvicultura, Exploração Florestal e Aquicultura
23 – Proteção contra Incêndios	32 – Segurança e Saúde no Trabalho em Estabelecimentos de Saúde
24 – Condições Sanitárias e de Conforto nos Locais de Trabalho	33 – Segurança e Saúde no Trabalho em Espaços Confinados
25 – Resíduos Industriais	34 – Condições e Meio Ambiente de Trabalho na Indústria da Construção e Reparação Naval
26 – Sinalização de Segurança	35 – Trabalho em Altura
27 – Registro Profissional de Técnico de Segurança do Trabalho no MTPS – atual MTPS (revogada pela Portaria GM nº 262, 22/05/2008)	36 – Segurança e Saúde no Trabalho em Empresas de Abate e Processamento de Carnes e Derivados

Fonte: Adaptado de Ministério do Trabalho, 2015.

Na esteira das novas atribuições do novo sistema de controle eSocial, o tema Saúde e Segurança do Trabalho (SST) passa ocupar lugar de destaque na gestão de pessoas nas empresas.

A gestão do negócio passa a requerer o envolvimento mais efetivo das áreas de monitoramento da saúde do trabalhador, e dos profissionais especializados na matéria (NR 7 e NR 9, concomitantemente). O novo sistema terá maior amplitude e preocupação quanto aos aspectos da saúde ocupacional e segurança do trabalho, de forma mais célere e confiável, preservando as garantias legais de todos os trabalhadores.

Os entes participantes (Receita Federal do Brasil [RFB], MTPS e Caixa Econômica Federal [CEF]) promoverão a unificação da base de dados, na qual a informalidade quanto às obrigações trabalhistas, previdenciárias e fiscais entre empregadores e empregados deixam de configurar como prática usual, e passem a aprimorar a qualidade das informações das relações de trabalho, simplificando e/ou substituindo o cumprimento de obrigações acessórias.

A viabilidade para a implementação do eSocial está baseada em cenários que o Brasil vem atravessando no âmbito previdenciário e trabalhista. Primeiro, no crescimento da expectativa de vida do brasileiro nos últimos 35 anos, passando de 62,5 anos para 74,9 anos; no aumento da formalização do emprego, em torno de 40 milhões de postos de trabalho no setor privado; e na expansão da base de segurados, em 30 milhões de beneficiários e no déficit crescente.[18] Segundo, na precariedade de informações tanto na Guia de Recolhimento do FGTS (GFIP) como em irregularidades e/ou fraudes contra o seguro-desemprego, cujo déficit também é crescente.

É importante destacar que o projeto eSocial promoverá, quanto a esta temática, profundas mudanças e inúmeras oportunidades nas empresas e em seus respectivos gestores, pois as práticas e as rotinas existentes são alteradas (forma e conteúdo) com a finalidade de obter mais transparência trabalhista e previdenciária.

As mudanças se descortinam quanto ao maior controle interno na prevenção dos atos e condições inseguras e na atuação mais estreita do Serviço Especializado em Segurança e Medicina do Trabalho (SESMT) e da Comissão Interna de Prevenção de Acidentes (Cipa). Essa atuação promove uma situação de tranquilidade e de credibilidade entre os empregadores e os empregados nas situações de afastamentos (acidentes ou doenças ocupacionais).

As oportunidades surgem na medida em que as empresas passam a observar alguns fatores que, sob a ótica da gestão, são estratégicos: as pessoas. Ou seja, as pessoas que reconhecem seu valor no trabalho e sua identidade com a empresa solidificam a relação de emprego e preservam o vínculo empregatício.

✓ Estresse, Clima Organizacional e Qualidade de Vida no Trabalho

Estresse, clima organizacional e qualidade de vida são aspectos interdependentes dentro das organizações.

Estresse

O estresse tem sido uma das principais preocupações no que se refere à saúde do trabalhador. Se as empresas e a sociedade continuarem negligenciando este fator e não tomarem as devidas providências, terão de enfrentar um verdadeiro surto de estresse.

Conceituação de Estresse

O conceito de estresse varia de acordo com o pesquisador. A maioria dos estudiosos concorda que um nível baixo de estresse é até necessário e, muitas

---

18 Fonte: Ministério do Trabalho e Previdência Social (www.mtps.gov.br).

vezes, melhora o desempenho no trabalho. Porém, quando seu nível atinge patamares elevados, os problemas causados são gravíssimos.

> Estresse é o conjunto de relações que o organismo desenvolve ao ser submetido a uma situação que exige esforço e adaptação. (SELYE, apud CARVALHO; NASCIMENTO, 2002)
>
> O estresse é uma condição dinâmica na qual o indivíduo é confrontado com uma oportunidade, limitação ou demanda em relação a alguma coisa que ele deseja e cujo resultado é percebido, simultaneamente, como importante e incerto. (ROBBINS, 2002, p. 548)
>
> O estresse pode ser entendido como o ponto em que o indivíduo não consegue controlar os seus conflitos internos, gerando um excesso de energia, originando, consequentemente, fadiga, cansaço, tristeza, euforia etc. Seu processo orgânico sofre alterações diante das transformações químicas ocorridas diante deste estado emocional. (CARVALHO; SERAFIM, 2002, p. 125)

Como doença, o estresse é um processo que se desenvolve ao longo do tempo, quando há exigências de esforço e adaptação diante de situações incertas. O estresse afeta e compromete o físico, o emocional e o comportamental. Seu grau depende da personalidade da pessoa, da maneira como a pessoa percebe as coisas e a vida.

Causas do Estresse

O avanço tecnológico, as mudanças aceleradas, a globalização, entre outros produtos de nossa época, trouxeram novas exigências e, com elas, a necessidade de atualização constante. Esses fatores, em conjunto, resultaram em:

- diminuição de salários;
- competitividade;
- pressão para atingir metas;
- lidar com possível demissão;
- preocupação excessiva com a profissão;
- aumento das horas trabalhadas;
- conflito com chefia e colegas de trabalho;
- falta de tempo/motivação para o lazer;
- falta de tempo para si mesmo;
- distância da família/sentimentos de culpa;
- quebra de valores humanos e familiares.

Os fatores citados têm sido apontados como os principais desencadeadores de estresse.

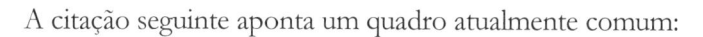

A citação seguinte aponta um quadro atualmente comum:

> Todos sabemos que o estresse dos funcionários vem se tornando um pro-
> blema cada vez maior nas organizações. Ouvimos notícias sobre o car-
> teiro assassinando colegas e supervisores e depois ficamos sabendo que
> as causas disso foram, principalmente, as tensões do trabalho. Amigos se
> queixam de estar trabalhando muito mais, com cargas e horários cada vez
> maiores, por causa do 'enxugamento' de suas empresas. Lemos pesquisas
> nas quais os funcionários reclamam do estresse criado pela necessidade de
> equilibrar responsabilidades do trabalho com as familiares. (ROBBINS,
> 2002, p. 548)

Sintomas do Estresse

Os sintomas do estresse podem ser físicos, como o cansaço; psicológicos, como ansiedade, depressão, insatisfação com o trabalho e frustração; e comportamentais, quando a pessoa estressada sente enorme dificuldade em tomar decisões simples e cotidianas, falta ao trabalho, apresenta impossibilidade de lidar com mudanças, eleva sua agressividade, baixa a produtividade, entre outros.

Fases do Estresse

Para a maioria dos estudiosos, o estresse passa por três fases:

> **1ª fase:** a pessoa apresenta mau humor, inquietação, agressividade.
> **2ª fase:** adapta-se à fase anterior, permitindo a instalação do estresse. É uma fase de alerta e a conscientização do problema pode levar a pessoa a mudar.
> **3ª fase:** doenças e desordens psíquicas.

Tratamento

O tratamento para quem alcançou a terceira fase envolve medicação, psicoterapia e terapia ocupacional.

Medidas Tomadas pela Empresa com Relação ao Estresse

As empresas têm adotado como medidas:

> palestras/*workshops* educativos;
> mudanças de hábito;
> academias, contratação de profissionais que elaboram exercícios físicos não competitivos e ginástica laboral;
> criação de salas de bem-estar;

> aplicação de técnicas de relaxamento;
> expansão da rede de apoio social.

É importante salientar que essas medidas são paliativas, pois não se dirigem às causas do estresse que estão relacionadas não apenas ao ambiente de trabalho, mas também aos ambientes políticos, sociais e econômicos.

Clima Organizacional

O clima organizacional refere-se às relações humanas dentro do ambiente corporativo, que contribuem para a satisfação ou insatisfação com o trabalho.

> O clima organizacional reflete como as pessoas interagem umas com as outras, com os clientes e fornecedores internos e externos, bem como o grau de satisfação com o contexto que as cerca. O clima organizacional pode ser agradável, receptivo, caloroso e envolvente, em um extremo, ou desagradável agressivo, frio e alienante em outro. (CHIAVENATO, 2004, p. 504)

> O nível de sinergia existente em um sistema organizacional dependerá das energias emanadas por este sistema, via intercâmbios ambientais, cujo conjunto de elementos gradativamente delineia o quadro geral das interações sociais. Tais interações refletem um conjunto de possibilidades que vão desde as relações facilitadoras como cooperação, colaboração e participação, até as relações que impedem seu funcionamento adequado, ou seja, conflitos não administrados e competições exacerbadas, rivalidade, disputa pelo poder.

> O conjunto dessas relações e interações sociais, aliado aos papéis profissionais desempenhados pelos indivíduos e grupos, as condições mercadológicas, a tecnologia empregada e o estilo de gestão refletirão as possibilidades de sucesso das organizações, à medida que houver condições que propiciem um intercâmbio entre, de um lado, os papéis instituídos e as expectativas dos sujeitos decorrentes de suas necessidades e, de outro lado, as condições emergentes do contexto social mais amplo: governo, concorrentes, fornecedores, clientes etc. Ao nos apropriarmos de expectativas, anseios e necessidades dos funcionários e do conjunto das respectivas relações interpessoais, poder-se-á identificar e compreender o clima organizacional presente de um dado momento do contexto organizacional.

> Quando se consegue criar um clima organizacional que propicie a satisfação de seus participantes e que canalize seus comportamentos motivados para a realização dos objetivos da organização, simultaneamente, tem-se um clima propício ao aumento da eficácia da mesma. (KANAANE, 1999, p. 40)

Estar atento ao clima organizacional é buscar alternativas para que a insatisfação não ocorra e a produtividade continue. Por essa razão, as empresas costumam fazer pesquisas de clima organizacional. Segundo Chiavenato (2004, p. 504), "as pesquisas de clima organizacional procuram coligir informações sobre o campo psicológico que envolve o ambiente de trabalho das pessoas e a sua sensação pessoal nesse contexto".

Medidas do Clima Organizacional

O clima organizacional pode ser medido por meio de:

> **Índices de absenteísmo, rotatividade e demissão:** as empresas têm índices esperados para esses fatores. Quando esses índices estão alterados, buscam as causas para evitar problemas mais sérios, principalmente a queda do clima organizacional.

> **Avaliações de desempenho:** por estarem relacionadas à satisfação com o trabalho, quando os resultados começam a cair, podem indicar problemas nas relações interpessoais e, automaticamente, no clima organizacional.

> **Entrevistas e questionários** aplicados aos empregados quanto ao que agrada e desagrada na organização.

> **Caixas de reclamações/sugestões** espalhadas na organização ou linha telefônica 0800 para denúncias e sugestões anônimas. Algumas empresas, quando possuem páginas na internet, disponibilizam esse serviço em caráter anônimo.

> Algumas empresas contam com a figura do ***ombudsman*** (indivíduo a quem os funcionários podem procurar para se aconselhar sobre a resolução de suas queixas. Palavra de origem sueca, significa ouvidor, mediador entre o público/funcionários – Estado/empresas).

Qualidade de Vida nas Organizações

A qualidade de vida dentro das organizações está relacionada aos aspectos físicos, psicológicos e sociais que envolvem a pessoa.

Programas de Qualidade de Vida

São inúmeros os programas elaborados pelas organizações que envolvem a questão da qualidade de vida. Os mais frequentes são:

> palestras sobre orientação, prevenção e controle de doenças como diabetes, câncer, obesidade, postura corporal, Aids etc.;

> palestras antitabagismo, drogas e alcoolismo;
> palestras e treinamentos sobre prevenção de acidentes;
> palestras e treinamentos sobre reeducação de hábitos (alimentares, comportamentais).

Elaboração de Programas de Qualidade de Vida

Os programas de qualidade de vida são desenvolvidos pela própria empresa ou por empresas contratadas e devem:

> envolver a coleta de dados;
> ser elaborados de acordo com a necessidade da organização e dos funcionários;
> ser avaliados periodicamente para surtir bons resultados;
> ser conduzidos por pessoas experientes, especializadas e treinadas;
> ter recursos e linguagem adequados à população atendida.

✓ Estudo de Caso

Com o sucesso das novas especialidades, dos novos procedimentos e das práticas administrativas, a clínica vem continuamente desenvolvendo novos negócios e excedendo, em muito, as expectativas dos seus sócios.

Os clientes passaram a ser mais exigentes quanto ao atendimento e percebem quando um ambiente está limpo, arejado e em condições de perfeita segurança. Os funcionários também percebem isso, principalmente porque passam grande parte do dia nela. Com o crescimento da empresa, alguns aspectos têm sido negligenciados quanto à higiene, à medicina e à segurança.

Além disso, observou-se que tem havido índices de estresse associados à desmotivação dos funcionários quanto aos propósitos da empresa. Alguns conflitos entre as secretárias e os subordinados têm sido marcantes nos últimos meses. Alternativas foram propostas para amenizar o conflito, sem que houvesse resultados favoráveis que melhorassem o clima da empresa.

Com relação a esse quadro empresarial, apresente uma proposta concreta para ajudar a melhorar o nível de desmotivação dos funcionários e do clima organizacional nesse momento.

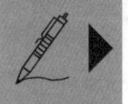

✓ Exercícios

1. Você acaba de contratar um novo colaborador. Como ele será inserido na organização?

2. Construa um Manual de Integração do Colaborador que contenha a história da organização, sua visão, missão, valores, breve histórico das filiais, os direitos e os deveres do colaborador.

3. A empresa em que você trabalha está lançando um novo produto e você terá de tomar todas as providências para o treinamento dos vendedores. Descreva como será o treinamento, tendo como base as etapas básicas do processo de treinamento.

4. Você será responsável pela avaliação do desempenho dos vendedores da empresa. Descreva os indicadores de desempenho e, com eles, construa a tabela do método Escalas Gráficas.

5. Você trabalhará com uma agência de turismo que acaba de ser constituída e conta com poucos recursos financeiros no início das atividades. A empresa tem como projeto implantar a remuneração total e pede ajuda a você. Responda:

   a. Como você pesquisaria externamente os salários?

   b. Com poucos recursos, que benefícios você sugere que ela implante?

   c. Quais incentivos ela poderia usar?

6. Elabore um programa de higiene para uma empresa de telemarketing.

7. A empresa Y trabalha com produtos agrotóxicos. Elabore um programa de qualidade de vida para o pessoal da área operacional.

8. Pesquise a NBR ISO 10015 – Diretrizes de Treinamento. Na organização em que você trabalha, avalie os processos de definição de necessidades de treinamento, projeto e planejamento de treinamento, execução do treinamento, avaliação dos resultados do treinamento e monitoração.

9. Qual é a importância dos indicadores de desempenho para a avaliação de desempenho do empregado na organização?

10. Elabore uma pesquisa sobre a importância da NR 7 (PCMSO – Programa de Controle Médico e Saúde Ocupacional) e da NR 9 (PPRA – Programa de Prevenção de Riscos Ambientais) para a área de Recursos Humanos.

A SAÍDA DA ORGANIZAÇÃO

ASSUNTOS ABORDADOS NESTE CAPÍTULO:

- Absenteísmo
- Rotatividade de Pessoal
- Rescisão do Contrato de Trabalho
- Aposentadoria
- Empregabilidade

Aspectos relacionados à segurança no emprego são tema de discussão no mundo inteiro, principalmente com a alta das taxas de desemprego assolando os países. As empresas modernizam suas estruturas formais e informais para poderem sobreviver em um mercado selvagem, e cada vez mais processos são novamente desenhados na busca de se obter o máximo com menos força de trabalho.

A cada dia esse cenário torna-se mais visível, com as demissões nas empresas. Nota-se que o tempo de permanência das pessoas nas empresas vem diminuindo gradativamente, por fatores que intervêm na saída dessas pessoas, como o absenteísmo e a rotatividade, causando sua saída e respectiva rescisão do contrato de trabalho. A aposentadoria e a empregabilidade são os assuntos também discutidos neste capítulo.

✓ Absenteísmo

Considera-se absenteísmo a relação entre as horas produtivas possíveis no mês e a quantidade de horas em que o trabalhador fica ausente do seu posto de trabalho em decorrência de faltas, atrasos e saídas antecipadas. As faltas e os atrasos injustificados são a grande preocupação da área de Recursos Humanos, pois denotam a falta de interesse por parte do trabalhador na empresa que o está empregando.

O levantamento do absenteísmo tem como objetivo:

➤ Avaliar as horas perdidas de trabalho e os prejuízos em decorrência delas.

➤ Auxiliar em um possível diagnóstico de problemas dentro da organização e busca de soluções. Por exemplo, se a causa do atraso for em decorrência do trânsito, em que os empregados pegam horários de pico, o turno pode ser alterado, fazendo com que o funcionário entre e saia uma hora antes. O absenteísmo pode identificar insatisfação no trabalho, injustiças, oportunidades no mercado etc.

Para atingir os objetivos do levantamento do absenteísmo, as empresas fazem uso de um ou mais índices para verificar as suas ausências. Esses índices podem ser mensais, trimestrais, semestrais ou anuais, dependendo da prioridade estabelecida pela empresa e de sua cultura organizacional. Não existe uma fórmula padrão para calculá-los. A fórmula que tem sido adotada por algumas empresas é a seguinte:

$$\text{Índice de absenteísmo} = \frac{\text{Número de horas perdidas}}{\text{Número de horas planejadas}} \times 100$$

Algumas empresas também trabalham com índices de absenteísmo direcionados às ausências prolongadas, que incluem férias, licença-maternidade, afastamento por acidente de trabalho, doenças etc.

> O fluxo do trabalho é interrompido e decisões frequentemente importantes precisam ser postergadas. Nas organizações que dependem da linha de montagem na produção, o absenteísmo é mais que uma interrupção; ele pode resultar em uma drástica perda de qualidade e, em certos casos, até na completa paralisação da fábrica. Níveis de absenteísmo acima do normal, em qualquer caso, causam um impacto direto sobre a eficiência e a eficácia da organização. (ROBBINS, 2002, p. 20)

Segundo Robbins (2002), são poucas as situações em que o absenteísmo pode ser positivo. Em profissões em que o erro profissional pode ser um risco para a vida de pessoas, como o caso de cirurgiões, se o seu índice de tensão é elevado, é melhor que se ausente e evite riscos a outra pessoa e alto custo a ambos.

O absenteísmo também é um dos fatores que caracterizam a insatisfação das pessoas na empresa e provocam a falta de interesse ou falta de percepção quanto ao futuro pessoal e profissional.

Os motivos para uma falta ou atraso são os mais diversos, como:

➤ salário baixo;

➤ benefícios que não atendem às necessidades;

➤ relacionamento ruim com o superior ou com a equipe;

> falta de perspectiva profissional;
> procura de nova oferta de trabalho.

Alguns ramos de atividade sofrem mais com as ausências dos trabalhadores no seu posto de trabalho, como os serviços de primeira necessidade, por exemplo a área da saúde, que lida diariamente com a vida humana. Cada ausência ocorrida nesse ambiente é um fator de risco para qualquer planejamento de trabalho eficiente, pois é necessário ter profissionais sempre de prontidão para ocupar as lacunas dos faltantes. Por isso, tanto nesse setor quanto nos outros, é preciso um trabalho de aconselhamento e acompanhamento contínuo quanto à satisfação dos trabalhadores.

Outros tipos de ausência são:

> falta ou atraso por problemas de saúde;
> afastamentos justificados (acidente do trabalho, auxílio-doença, enfermidade, fisioterapias, maternidade, paternidade, falecimento etc.).

A ausência causa prejuízo para as empresas, uma vez que enfrentam um momento em que outras pessoas terão de suprir as necessidades pela ausência daquele posto de trabalho, pois a operação não pode diminuir a eficiência do processo como um todo.

A área de Recursos Humanos deve focalizar seus esforços na compreensão das causas dessas ausências e propor medidas objetivas para diminuir o nível de absenteísmo, tratando o assunto como primordial para apoiar os gestores em suas decisões quanto a possíveis demissões.

✓ Rotatividade de Pessoal

Outra grande preocupação da área de Recursos Humanos quanto ao seu planejamento estratégico está na relação entre as demissões e as respectivas substituições. Rotatividade é a entrada e a saída constantes de pessoas da organização, seja ela voluntária ou involuntária. Isso provoca um custo muito alto para as empresas, que perdem com os valores pagos no momento da demissão, o estresse gerado pela saída de um trabalhador, os investimentos aplicados e o novo custo de recrutamento, seleção, socialização organizacional e treinamento do novo integrante do posto de trabalho.

> A rotatividade refere-se ao fluxo de entradas e saídas de pessoas de uma organização, ou seja, as entradas de pessoas para compensar as saídas de pessoas da organização. A cada desligamento quase sempre corresponde a admissão de um substituto como reposição. Isso significa que

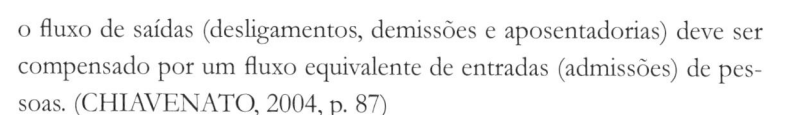

> o fluxo de saídas (desligamentos, demissões e aposentadorias) deve ser compensado por um fluxo equivalente de entradas (admissões) de pessoas. (CHIAVENATO, 2004, p. 87)

A rotatividade é influenciada por variáveis internas (da empresa), como: os salários e os benefícios oferecidos, os conflitos existentes (entre chefes e subordinados e entre colegas de trabalho), o estilo gerencial, as oportunidades de crescimento e outros relacionados com a estrutura e a cultura empresarial. As variáveis externas também se fazem presentes por meio de oferta de trabalho, novas perspectivas de desenvolvimento profissional, proximidade da residência, conjuntura econômica, mercado favorável etc.

A rotatividade pode ser negativa ou positiva:

> ➤ É negativa quando a organização começa a perder bons funcionários. Segundo Robbins (2002, p. 21), "um estudo realizado com 900 funcionários demissionários mostrou que 92% deles haviam recebido uma avaliação de 'satisfatórios'" ou mais por parte de seus superiores. Isso demonstra que as empresas perdem profissionais qualificados.

> ➤ É positiva quando o pessoal que deixa a organização tem fraco desempenho. É a oportunidade para a contratação de pessoas mais qualificadas, motivadas e com novas ideias. As novas formas de relações com o trabalho apontam algumas vantagens em relação à rotatividade:

> No mundo empresarial de hoje, sempre em mudanças, certo nível de rotatividade voluntária de funcionário aumenta a flexibilidade organizacional e a independência deles, diminuindo assim a necessidade de demissões por parte da empresa. (ROBBINS, 2002, p. 21)

Independentemente de ser positiva ou negativa, a rotatividade apresenta sempre custos para a empresa, que gastará com o recrutamento, a seleção e o treinamento das pessoas que substituirão aquelas que saíram. Para a maioria das empresas, a rotatividade tem sido um problema sério.

Segundo Spector (2002), alguns pesquisadores apontam que a ausência e a rotatividade estão correlacionadas e que se apresentam como reações alternativas da insatisfação no trabalho. Ambas refletem tentativas de o funcionário escapar, temporária ou permanentemente, de situações consideradas desagradáveis. Um fator que vai interferir na satisfação do trabalho e na rotatividade é o desemprego. Quando a taxa de desemprego é baixa e as alternativas de trabalho são muitas, aumenta a rotatividade. Porém, quando a taxa de desemprego é alta e as oportunidades de trabalho são raras, existe uma pequena previsão de rotatividade. A ausência também diminui quando a taxa de desemprego é alta, o que demonstra que, mesmo insatisfeita com o trabalho, a pessoa só o deixará quando

o mercado de trabalho for favorável. No Brasil, a maioria dos trabalhadores tem enorme aversão à incerteza.

Os pesquisadores alertam que a satisfação do trabalho é um fator de ausência somente quando existem uma cultura de aceitação e uma política de ausência liberal. Com relação às políticas organizacionais, observa-se que as organizações que controlam as ausências por meio de recompensas pela frequência ou punições pelas ausências são aquelas que apontam um menor número de ausências.

> A motivação para a assiduidade é afetada pelas práticas organizacionais (como recompensas à assiduidade e punições ao absenteísmo), pela cultura de ausência (quando as faltas ou atrasos são considerados aceitáveis ou inaceitáveis) e atitudes, valores e objetivos dos empregados. As organizações bem-sucedidas estão incentivando a presença e desestimulando as ausências no trabalho através de práticas gerenciais e culturas que privilegiam a participação, ao mesmo tempo em que desenvolvem atitudes, valores e objetivos dos funcionários favoráveis à participação. (CHIAVENATO, 2004, p. 86)

Decorrente da desmotivação do trabalhador, a rotatividade é um fator que também favorece que o planejamento estratégico de Recursos Humanos seja prejudicado. Em muitos casos, é somente pelo processo de entrevista de desligamento[19] que as informações são obtidas, ficando a área de Recursos Humanos responsável por transmiti-las aos gestores, no intuito de melhorar continuamente as práticas administrativas no ambiente de trabalho.

✓ Rescisão do Contrato de Trabalho

A demissão ou a rescisão do contrato de trabalho caracteriza-se pelo rompimento do contrato por iniciativa do empregador ou do empregado.

A demissão pode ser:

> **Voluntária:** solicitada pelo empregado. Geralmente está ligada à satisfação individual com o trabalho.
> **Dispensa:** é a demissão decidida pelo empregador e geralmente é motivada por fatores pessoais específicos como insubordinação, violação de regras, incapacidade, absenteísmo, incompatibilidade com o estilo gerencial ou com a cultura organizacional, entre outros.
> **Coletiva:** ocorre pela necessidade da organização em reduzir seu pessoal e não por comportamento individual.

---

19 Tem como objetivo levantar as causas do desligamento de pessoas da organização.

> **Programa de Demissão Voluntária (PDV):** a empresa oferece um pacote atrativo ao funcionário para que ele peça a demissão. Ela não pode demiti--lo por algum impedimento por lei ou acordo sindical. Por exemplo: uma montadora fechou acordo de estabilidade por cinco anos para empregados admitidos a partir de uma certa data. Como precisava enxugar seu quadro de funcionários, ofereceu o PDV. É muito mais vantajoso para a empresa pagar para o funcionário um valor aparentemente elevado, pois se contar os meses que faltam para encerrar a estabilidade o gasto seria muito maior. No PDV, a empresa acaba sendo sempre favorecida. Outra empresa que contava com empregados de muitos anos de casa, com salários elevados, ofereceu o plano porque a maioria estava na contagem da aposentadoria e por lei não poderiam ser demitidos.

As demissões são diferentes em função de quem toma a iniciativa: empregado ou empregador, e, em geral, são dolorosas.

A forma como a empresa demite está vinculada à cultura organizacional e mostra como a empresa concebe o ser humano. É interpretada pelas demais organizações como uma sinalização do valor que a empresa possui.

Toda demissão de pessoal deve ser gerenciada, pois, dependendo de como se dá a demissão, há uma interferência nos funcionários que ficaram. Se estes observam a ausência de equidade, terão seus desempenhos comprometidos.

A demissão torna-se um alívio ao empregado quando há mudanças significativas na cultura da empresa e o empregado sente-se fora do novo contexto cultural. Foi selecionado e sentia-se confortável no passado, mas agora, com a brutal mudança, a desmotivação é inevitável se a empresa não preparou o processo ou se realmente deseja mudar seu quadro de pessoal, adequando-o ao novo perfil cultural.

Hoje, grandes corporações têm feito entrevistas de saída para avaliar as variáveis internas e externas que influenciaram a demissão. As entrevistas são feitas após o efetivo desligamento do funcionário para evitar constrangimentos. As questões, geralmente, versam sobre o motivo da saída, a opinião do funcionário desligado a respeito da empresa, de sua chefia e de seus colegas de trabalho, a remuneração (total) dada pela empresa e sua opinião sobre o mercado de trabalho.

Muitas empresas contratam serviços de *outplacement* (consultores especializados em acompanhar o desligamento de funcionários e que buscam recolocar esses profissionais no mercado). Eles trabalham da melhor forma possível o processo de demissão. Seus clientes são as empresas.

Com relação às demissões voluntárias, um levantamento pode auxiliar na busca de recursos para minimizá-la, principalmente quando se trata da perda de profissionais bons e qualificados. Podem ser resolvidas por:

➤ aumento nos salários;
➤ esclarecimento de papéis e exigências do trabalho;
➤ tornar o trabalho mais gratificante;
➤ trabalhar a percepção em relação à empresa;
➤ treinamento de pessoas em cargo de chefia.

A demissão de pessoal é parte integrante do processo de pessoal e está atrelada ao recrutamento, à seleção e ao treinamento, tanto no sentido de que a escolha de pessoas compatíveis com a organização reduz a demissão de pessoal, como no sentido de que uma demissão automaticamente ativa o recrutamento e a seleção de pessoal na busca de seu substituto, que deverá ser treinado.

✓ Aposentadoria

É o desligamento do empregado por sua iniciativa, por incentivo do empregador ou pela política da empresa que desliga pessoas em condições legais de se aposentar.

Empresas que valorizam sua mão de obra buscam acompanhar o processo de aposentadoria dos seus empregados, preparando-os para essa nova fase da vida ou os incentivando, mesmo que legalmente em condições de se aposentar, a continuar trabalhando.

> As práticas de Recursos Humanos relativas à aposentadoria foram criadas numa época em que a taxa de natalidade era muito mais alta e a expectativa de vida muito mais baixa. Além disso, os novos recursos da medicina permitem que as pessoas mais idosas tenham uma qualidade de vida melhor do que no passado e possam continuar produzindo durante muito mais tempo, contribuindo com sua experiência, maturidade e conhecimento da empresa. (LACOMBRE, 2005, p. 105)

✓ Empregabilidade

O emprego, para muitos, ainda é percebido como necessidade e segurança. Ao contrário, o cenário mundial tem transformado o emprego em algo descartável a todo momento em que necessitam modernizar suas práticas administrativas, suas máquinas e até os cargos nas empresas para atender às demandas do mercado.

Cada vez mais as pessoas estão sendo empurradas para a multifuncionalidade, ou seja, para o exercício de múltiplas funções simultaneamente, requisito hoje indispensável para quem quer manter seu emprego. Porém, da mesma forma que temos acesso a tantas informações, temos menos certezas quanto ao nosso futuro profissional.

A empregabilidade é o tema que vem se sobrepondo à questão do emprego, que está de certo modo desaparecendo do mercado, pois o vínculo empregatício está cada vez mais raro e estreito e a reciclagem de conhecimentos é uma exigência do nosso momento. As pessoas precisarão reconhecer a necessidade de continuar se reciclando sempre para manter seus conhecimentos atualizados e, ao mesmo tempo, conhecer novas práticas de trabalho.

> Empregabilidade é a capacidade de prestar serviços e de obter trabalho. Sob outro enfoque, refere-se à capacidade de dar emprego ao que sabe, à sua expertise. (MINARELLI, 1995, p. 20)

A área de Recursos Humanos está inserida nesse processo de aconselhamento de carreira das pessoas, e são raros os profissionais que, mesmo empregados, mantêm seus conhecimentos em contínuo aperfeiçoamento; suas habilidades em perfeita sintonia com as necessidades da empresa e do mercado; e suas experiências usadas com base na criatividade e na inovação. O incentivo dessas competências faz dos recursos humanos o elemento estratégico importante para a empresa que quer ser bem-sucedida e atenta às potencialidades da força de trabalho.

✓ Exercícios

1. Elabore todas as etapas do processo de treinamento para a pessoa que deverá ocupar o seu cargo.

2. O Banco Asa Branca tem cinco funcionários que vão se aposentar. Como a empresa pode prepará-los para a aposentadoria?

3. Na atualidade, o que uma pessoa deve fazer para continuar empregável?

4. No final do ano passado, a Pássaro Verde contava com um quadro de 300 funcionários. No início de fevereiro, demitiu 90 funcionários e, no início do mês de março, admitiu 60. No último dia do mesmo mês demitiu 98 funcionários. No mês seguinte, o Departamento de Pessoal obteve os seguintes registros:

- 50 pessoas faltaram durante o mês.
- Houve 45 atrasos na entrada do trabalho.
- 15 empregados pediram para sair mais cedo durante o mês.

    a. Quais são os dados sobre o absenteísmo na empresa Pássaro Verde?

    b. Quais são os dados sobre a rotatividade?

    c. Qual a finalidade estratégica do relatório de absenteísmo?

APOIO À ÁREA DE RECURSOS HUMANOS

ASSUNTOS ABORDADOS NESTE CAPÍTULO:

- Departamento de Pessoal
- Serviços Gerais
- Softwares em Recursos Humanos

Dois departamentos são de grande importância para o setor de Recursos Humanos: o Departamento de Pessoal e o de Serviços Gerais.

✓ Departamento de Pessoal

O Departamento de Pessoal (DP) é responsável pela controladoria (coleta e processamento de informações) dos apontamentos e frequências da força de trabalho na empresa. Além disso, desempenha um papel de suma importância, o de atender às exigências das Legislações Trabalhista e Previdenciária (Ministério do Trabalho e da Previdência Social – MTPS), Tributária (Ministério da Fazenda – MF) e de Medicina e Segurança do Trabalho (Norma Reguladora – NR).

O MTPS regulamenta o conjunto de dispositivos legais que as empresas e os empregados devem cumprir para que tenha efeito na relação de emprego e delega poderes para seus representantes legais nos estados e municípios, a fim de agirem como órgãos fiscalizadores. Nos aspectos trabalhistas, tanto a Delegacia Regional do Trabalho (DRT) quanto os sindicatos das categorias profissionais são autorizados a exercer esse poder.

A DRT assume o papel de fiscalizar as atividades legais desde o início das atividades de trabalho de qualquer colaborador registrado sob regime da CLT. Já o sindicato é o órgão representativo de empresas e empregados, sendo responsável pela negociação da convenção ou do acordo coletivo da categoria e fiscalizando o cumprimento de todas as cláusulas aprovadas pelas partes.

Tabela 6.1

Órgãos federais e órgãos estaduais e municipais de fiscalização

Legislação	Órgãos fiscalizadores
Trabalhista (www.mtps.gov.br) Ministério do Trabalho e Emprego	Delegacia Regional do Trabalho (DRT) Assegura o cumprimento da legislação. Sindicato da Categoria Profissional Assegura os interesses do trabalho e econômicos dos colaboradores.
Previdenciária (www.mtps.gov.br) Ministério da Previdência e Assistência Social	Instituto Nacional do Seguro Social (INSS) Ampara nos aspectos relacionados com a saúde física e mental dos colaboradores.
Tributária (http://idg.receita.fazenda.gov.br) Ministério da Fazenda	Secretaria da Receita Federal do Brasil (SRFB) Fiscaliza as informações restadas sobre os rendimentos pagos e recebidos durante o ano.

Já em relação à Previdência Social, o ministério delega autoridade para o Instituto Nacional do Seguro Social (INSS) fiscalizar os dispositivos legais que amparam a relação de emprego nos aspectos da saúde física e mental dos colaboradores.

O Ministério da Fazenda, por meio da Secretaria da Receita Federal do Brasil (SRFB), fiscaliza as informações prestadas pelas empresas e pelos empregados quanto aos rendimentos pagos e recebidos durante o ano.

As principais funções estratégicas do Departamento de Pessoal:

> **Registros e documentos:** ao finalizar o processo de recrutamento e seleção do candidato, coleta as informações preliminares sobre os documentos necessários para a admissão.

> **Responsável pela aplicação das Leis trabalhistas e previdenciárias de empregados com registro em carteira:** Consolidação das Leis do Trabalho (CLT), legislação previdenciária, Normas Regulamentadoras de Medicina e Segurança do Trabalho (NRs), convenções e acordos coletivos.

> **Admissão:** recepção do candidato no primeiro dia de trabalho e protocolo de registros e documentos (artigo 2º da CLT).

> **Socialização:** inicia o processo de conscientização do funcionário sobre aspectos importantes quanto a sua estada na empresa (normas e procedimentos internos e legais).

> **Processador de informações:** para o pagamento dos reflexos trabalhistas aos funcionários (folha de pagamento, 13º salário, férias etc.).

> **Processador de informações:** para atender às exigências legais do Ministério do Trabalho e da Previdência Social.

> **Mantenedor da vida documental do funcionário:** até a sua vigência legal.
> **Demissão de pessoal:** verifica pendências do empregado, providencia a rescisão contratual (créditos e débitos) e homologa a rescisão contratual no órgão competente.

O eSocial passa a representar um divisor de águas entre o modelo tradicional e burocrático de administração das informações sobre a relação de emprego e as novas práticas que requererão a interação com os diversos níveis de decisão da empresa (Medicina e Segurança do Trabalho, Contabilidade, Financeiro e Jurídico).

É impressionante o número de empresas que não reconhece ou se esquece do Departamento de Pessoal como parceiro do negócio, orientando as pessoas sobre o papel que ela deverá desempenhar na empresa. O planejamento estratégico tem por objetivo, entre outras coisas, estabelecer as políticas organizacionais, disseminar cultura e focar o negócio entre as pessoas.

Qualquer modelo estratégico não resolverá os problemas se as pessoas não perceberem desde o início que a empresa está do seu lado e muito atenta ao desenvolvimento de carreira. Como a recíproca deve ser entendida como verdadeira, os funcionários devem buscar esse desenvolvimento profissional, atender às demandas do objetivo organizacional e caminhar em busca da sua carreira de sucesso.

As empresas precisam reconhecer a importância do DP como "vendedor" das primeiras informações, que provocarão essa percepção nos funcionários. Se os funcionários perceberem a sua importância no processo de construção organizacional, tornar-se-ão mais responsáveis e comprometidos com os clientes da empresa.

O Departamento de Pessoal é responsável pelo processamento dos indicadores de absenteísmo, rotatividade e outros que podem sustentar as decisões dos gestores, a partir de um sistema de informação administrado mensalmente.

Os profissionais de Recursos Humanos também precisam entender que o DP não deve ficar estático, e, sim, buscar novas formas de administração que valorizem as pessoas e deixem de manter ou perpetuar burocracias, pois dependem de um trabalho eficaz desde o início para que os objetivos organizacionais sejam alcançados pela força de trabalho.

✓ Serviços Gerais

Não menos importantes que os processos estratégicos de Recursos Humanos, os Serviços Gerais compõem apêndices que apoiam a estratégia da empresa, como a segurança patrimonial, o refeitório ou restaurante (alguns casos

mantidos pela própria empresa ou por meio da contratação de concessionárias de alimentação), manutenção e conservação patrimonial (manutenção geral das dependências da empresa, jardinagem etc.).

> **Segurança patrimonial (porteiro, segurança e vigilância):** cuida do controle de entradas e saídas de pessoas, veículos, documentos e correspondências, assegurando a integridade patrimonial e zelando pela segurança da força de trabalho da empresa.

> **Refeitório ou restaurante:** algumas empresas contratam profissionais especializados em cozinha para elaborarem o cardápio e manusearem os alimentos, com infraestrutura custeada pela própria empresa. Outras contratam concessionárias de alimentação, que administram um contrato de prestação de serviços em que se responsabilizam pelo processo completo de alimentação das pessoas que trabalham na empresa. É importante que a empresa observe a legislação (NR 24 – Condições Sanitárias e de Conforto nos Locais de Trabalho, e Acordo ou Convenção Coletiva) para atender ao disposto sobre o local para repouso ou alimentação.

> **Manutenção e conservação patrimonial:** cuida do ativo patrimonial da empresa, executando serviços preventivos e periódicos de zeladoria, como pintura, serviços de eletricista, reparos, hidráulica, mecânica etc.

A atuação dos Serviços Gerais garante que não aconteçam atos inseguros ou eventualidades negativas, como acidentes, depreciação descontrolada do patrimônio, reforçando a preocupação da empresa com a qualidade de vida da força de trabalho e preservando seu próprio patrimônio.

A área de Recursos Humanos está cada vez mais atenta às generalidades da sua função de gestor de pessoas, fomentando o processo decisório de informações a respeito das implicações que a intervenção dos atos inseguros e a qualidade de vida tem no seu planejamento estratégico. Não basta apenas administrar os processos, é necessário preservar a integridade física, social e psicológica dos funcionários.

✓ Softwares em Recursos Humanos

Não há dúvidas quanto à importância da utilização dos recursos oferecidos pela informática em todas as áreas do conhecimento. E os Recursos Humanos não poderiam ficar de lado.

A utilização da informática em todas as áreas agiliza processos e informações de maneira precisa, racionalizando o trabalho e aumentando a credibilidade da rotina.

Na área de Recursos Humanos, encontramos softwares especializados em diversos setores: Recrutamento e Seleção, Legislação Trabalhista, Análise de Cargos e Salários, Treinamento e Desenvolvimento de Pessoas e Departamento de Pessoal. Existem também softwares que integram todos os setores de Recursos Humanos. Eles permitem o acompanhamento do empregado desde o seu primeiro contato com a empresa até o seu desligamento. Eles atualizam dados, indicam quando há necessidade de treinamento, mostram o desenvolvimento e o desempenho do empregado.

Os fornecedores de softwares fazem um levantamento na empresa para adequar e parametrizar os programas à realidade da organização, orientam quanto à utilização e atualização dos programas e fornecem treinamento aos usuários.

✓ Exercícios

1. Qual é a diferença entre um Departamento de Recursos Humanos e um Departamento de Pessoal?
2. Como um Departamento de Pessoal pode transformar-se em um Departamento de Recursos Humanos?
3. Que tipo de procedimento você usaria para contratar funcionários para atuar na segurança e no refeitório da sua empresa? Justifique suas contratações.
4. Qual é a diferença entre os softwares especializados em diversos setores da área de Recursos Humanos e o sistema integrado de Recursos Humanos?

BIBLIOGRAFIA

BANOV, M.R. **Ferramentas da psicologia organizacional**. 2. ed. rev. e atual. São Paulo: Cenaun, 2004.

_____. **Psicologia no gerenciamento de pessoas**. 4. ed. São Paulo: Atlas, 2015.

_____. **Recrutamento, seleção e competências.** 3. ed. São Paulo: Atlas, 2010.

BASTOS, A.V. B. O suporte oferecido pela pesquisa na área de treinamento. **Revista de Administração**, v. 26, n. 4, p. 87-102, out./dez. 1991.

BERGAMINI, C. W. **Psicologia aplicada à administração de empresas**. 3. ed. São Paulo: Atlas, 1992.

BOHLANDER, G.; SNELL, S.; SHERMAN, A. **Administração de recursos humanos**. São Paulo: Pioneira Thomson Learning, 2003.

BRASIL. Casa Civil. **Constituição da República Federativa do Brasil de 1988.** Disponível em: <https://www.planalto.gov.br/ccivil_03/constituicao/constituicao.htm>. Acesso em: 7 nov. 2016.

_____. **Decreto-lei nº 5.452, de 1º de maio de 1943**. DOU 09/08/1943. Disponível em: <https://www.planalto.gov.br/ccivil_03/Decreto-Lei/Del5452.htm>. Acesso em: 6 nov. 2016.

_____. Ministério do Trabalho. **Normas Regulamentadoras**. Publicado em: 14 set. 2015. Disponível em: <http://trabalho.gov.br/seguranca-e-saude-no-trabalho/normatizacao/normas-regulamentadoras>. Acesso em: fev 2017.

CARVALHO, A. V.; NASCIMENTO, L. P. **Administração de recursos humanos**. São Paulo: Pioneira Thomson Le arning, 2002.

CARVALHO, A. V.; SERAFIM, O. C. G. **Administração de recursos humanos**. São Paulo: Pioneira, 2002.

CHIAVENATO, I. **Gestão de pessoas:** o novo papel dos recursos humanos nas organizações. 2. ed. Rio de Janeiro: Elsevier, 2004.

_____. **Introdução à Teoria Geral da Administração**. 3. ed. São Paulo: McGraw-Hill, 1983.

CORADI, C. D. **O comportamento humano em administração de empresas**. São Paulo: Pioneira, 1986.

COVEY, S. **Os sete hábitos das pessoas altamente eficazes**. São Paulo: Best-Seller, 2001.

DUBRIN, A. J. **Fundamentos do comportamento organizacional**. São Paulo: Pioneira Thomson Learning, 2003.

DUTRA, J. S. **Gestão de pessoas:** modelos, processos, tendências e perspectivas. São Paulo: Atlas, 2002.

FIDELIS, G. J. **Gestão de pessoas:** estrutura, processos e estratégias empresariais. São Paulo: Érica, 2014.

FIDELIS, G. J. **Rotinas trabalhistas e dinâmicas do departamento de pessoal**. São Paulo: Érica, 2006.

_____. **Treinamento e desenvolvimento de pessoas e carreira:** uma abordagem na educação corporativa. Rio de Janeiro: Qualitymark, 2008.

GIL, A. C. **Administração de recursos humanos:** um enfoque profissional. São Paulo: Atlas, 1994.

GOLDSTEIN, I. L. Training in work organizations. In: DUNNETTE, M. D.; HOUGH, L. (Orgs.). **Handbook of Industrial and Organizational Psychology**. 2nd ed. California: Consulting Psychology Press, 1991, p. 507--619.

GUIA TRABALHISTA. **NR 9 – Programa de Prevenção de Riscos Ambientais**. s/d. Disponível em: <http://www.guiatrabalhista.com.br/legislacao/nr/nr9.htm>. Acesso em: 7 nov. 2016.

HAMPTON, D. R. **Administração, comportamento organizacional**. São Paulo: Makron Books, 1990.

KANAANE, R. **Comportamento humano nas organizações:** o homem rumo ao século XXI. 2. ed. São Paulo: Atlas, 1999.

KUAZAQUI, E.; KANAANE, R. **Marketing e desenvolvimento de competências**. São Paulo: Nobel, 2004.

LACOMBRE, F. **Recursos humanos:** princípios e tendências. São Paulo: Saraiva, 2005.

LATHAM, G. P. Human resource training and development. **Annual Review of Psychology**, v. 39, p. 545-582, Jan. 1988.

MARRAS, J. P. **Administração de recursos humanos:** do operacional ao estratégico. 6. ed. São Paulo: Futura, 2002.

_____. **Administração de recursos humanos**: do operacional ao estratégico. 14. ed. São Paulo: Saraiva, 2011.

MEISTER, J. C. **Educação corporativa:** gestão do capital intelectual através das universidades corporativas. São Paulo: Makron Books, 1999.

MILKOVICH, G. T.; BOUDREAU, J. W. **Administração de recursos humanos**. São Paulo: Atlas, 2000.

MINARELLI, J. A. **Empregabilidade:** o caminho das pedras. São Paulo: Gente, 1995.

NADLER, L. **The handbook of human resource development**. New York: Wiley, 1984.

PASCHOAL, L. **Administração de cargos e salários:** manual prático e novas metodologias. 2. ed. Rio de Janeiro: Qualitymark, 2001.

PONTES, B. R. **Administração de cargos e salários:** carreiras e remuneração. 15. ed. São Paulo: LTR, 2011.

ROBBINS, S. **Comportamento organizacional**. São Paulo: Prentice-Hall, 2002.

SANGER, M. Dinâmica de grupo lança desafio ao candidato. **Folha de S. Paulo**, 5 abr. 1992.

SCHIRATO, M. A. R. Empresa não é mãe. **Revista Veja**. São Paulo: Abril, 14 abr. 1999, p. 11-13.

SEGNINI, L. R. P. Sobre a identidade do poder nas relações de trabalho. In: FLEURY, M. T. L.; FISCHER, R. M. **Cultura e poder nas organiza-ções**. São Paulo: Atlas, 1989.

SILVA, M. L.; NUNES, G. S. **Recrutamento e seleção de pessoal**. São Paulo: Érica, 2002.

SPECTOR, P. E. **Psicologia nas organizações**. São Paulo: Saraiva, 2002.

TERRA, J. C. C. **Gestão do conhecimento:** o grande desafio empresarial. 2. ed. São Paulo: Negócio, 2001.

ULRICH, D. **Recursos humanos estratégicos**. São Paulo: Futura, 2000.

WAGNER III, J. A.; HOLLENBECK, J. R. **Comportamento organizacional:** criando vantagem competitiva. São Paulo: Saraiva, 1999.

GLOSSÁRIO

> **Absenteísmo:** refere-se às horas que o trabalhador fica ausente do seu posto de trabalho em decorrência de faltas, atrasos e saídas antecipadas.

> **Avaliação de desempenho:** é o processo que visa medir o quanto um empregado é capaz de produzir dentro de uma meta estabelecida.

> **Benefícios:** são programas oferecidos como complemento de salário, como: vale-refeição, seguro de vida, assistência médica, entre outros.

> **Cargo:** é definido como incumbência e responsabilidade exercida por um indivíduo em uma empresa. O cargo é planejado dentro de critérios e limites, e figura na estrutura de autoridade e poder.

> **Carreira:** é uma sucessão ou sequência de cargos ocupados ao longo da vida profissional de uma pessoa.

> **Clima organizacional:** refere-se às relações humanas dentro do trabalho, que contribuem para a satisfação ou insatisfação do trabalhador.

> **Contratação:** refere-se ao contrato de trabalho; é o acordo dos termos de trabalho estabelecidos entre a empresa e a pessoa que nela trabalhará.

> **Cooperativa:** modalidade de serviço que se dá por meio de uma constituição jurídica chamada cooperativa, que nasce com membros associados autônomos e permanece dessa forma até o final.

> **Cultura organizacional:** conjunto de normas, regras, procedimentos, representações e valores que orienta os funcionários de uma organização.

> **Currículo:** documento elaborado pelo candidato, contendo informações importantes sobre a sua carreira.

> **Departamento de Pessoal:** responsável pela admissão e demissão de empregados, registros e documentos legais, aplicação e manutenção das leis trabalhistas e previdenciárias, folha de pagamento, normas disciplinares.

> **Desenvolvimento de pessoas:** visualiza as possíveis alterações e mudanças futuras e tem como objetivo manter as pessoas atualizadas. O desenvolvimento está voltado ao crescimento pessoal do empregado em direção à carreira futura e não ao cargo atual.

> **Empregabilidade:** refere-se à capacidade de a pessoa manter-se atualizada conforme exigências do mercado, que lhe possibilita concorrer nesse mercado.

> **Emprego formal:** aquele em que a pessoa tem registro em carteira e obedece com rigor à Consolidação das Leis do Trabalho (CLT), convenções e acordos coletivos estabelecidos pelos sindicatos.

> **Ergonomia:** é uma ciência composta de um conjunto de conhecimentos destinados a adaptar ao homem mobiliários, ferramentas, maquinários e

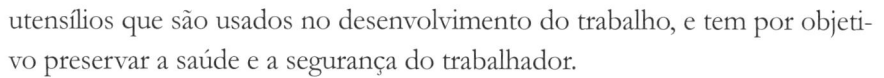

utensílios que são usados no desenvolvimento do trabalho, e tem por objetivo preservar a saúde e a segurança do trabalhador.

➤ **eSocial:** novo sistema de controle das obrigações trabalhistas, previdenciárias e tributária da folha onerosa da empresa.

➤ **Estrutura mecanicista:** estrutura rígida e firmemente controlada.

➤ **Estrutura orgânica:** estrutura flexível, com pouca formalização e rede abrangente de informações. A comunicação é lateral, ascendente e descendente. A tomada de decisões envolve todos os colaboradores.

➤ **Fatores higiênicos:** são fatores externos que estão sob controle da empresa e do ambiente de trabalho. A presença desses fatores não traz satisfação, mas a sua ausência gera insatisfação.

➤ **Fatores motivacionais:** são internos; estão sob controle do indivíduo, pois relacionam-se àquilo que ele faz, à natureza de suas tarefas. Envolvem a realização, o reconhecimento, o crescimento profissional, a responsabilidade, o progresso e o trabalho em si.

➤ **Hierarquia:** estabelece quem é oficialmente responsável pelas ações de quem; define a subordinação e os subordinados.

➤ **Higiene do trabalho:** conjunto de normas e procedimentos que visa à proteção da saúde e da segurança do trabalhador.

➤ **Incentivos salariais:** são programas para recompensar funcionários que apresentam bom desempenho profissional.

➤ **Incidente crítico:** avaliação que aponta o desempenho superior ou inferior de um empregado.

➤ **Indicadores de desempenho:** índices reais que demonstram de maneira factual o desempenho de uma determinada tarefa.

➤ **Necessidades de autorrealização:** são as necessidades que as pessoas possuem de autoconhecimento e de autodesenvolvimento.

➤ **Necessidades de segurança:** são necessidades que visam à busca de proteção contra a privação e a ameaça, seja ela real ou imaginária.

➤ **Necessidades de *status*:** são as necessidades que as pessoas possuem de serem reconhecidas, valorizadas, consideradas, de terem aprovação social e prestígio.

➤ **Necessidades fisiológicas:** são necessidades ligadas à sobrevivência do indivíduo.

➤ **Necessidades sociais:** são as necessidades que as pessoas possuem de pertencimento, associação, amizade, afeto e amor.

> **Organização de aprendizagem:** é aquela que cria condições e estímulo para que os grupos de pessoas que trabalham juntas possam desenvolver suas capacidades e trazer os resultados desejados pela organização.

> **Organograma:** é o quadro representativo da posição formal de todos os cargos dentro da organização.

> **Perfil do cargo:** informações sobre o que a pessoa deve fazer e como ela deve ser.

> **Recompensas organizacionais:** são retornos dados aos funcionários em troca do trabalho prestado. Podem ser financeiras e não financeiras.

> **Recrutamento:** é o processo ou o meio mais eficiente para comunicar, divulgar ou tornar pública a vaga existente em uma empresa, com o objetivo de captar candidato cujo perfil seja o mais adequado ao posto de trabalho.

> **Relações trabalhistas:** área responsável pelas negociações trabalhistas e sindicais, acordos e convenções coletivas de trabalho, paralisações e outros reflexos da relação capital × trabalho.

> **Remuneração total:** composição do salário, benefícios e incentivos dados aos empregados.

> **Rotatividade:** é a constante entrada e saída de pessoas da organização.

> **Salário:** é a quantia que o empregado recebe do empregador, em dinheiro ou equivalente, pelos serviços que prestou durante um determinado período.

> **Segurança do trabalho:** conjunto de medidas que tem por objetivo a prevenção de acidentes e a eliminação de causas de acidentes no trabalho.

> **Seleção:** processo de escolha entre os indivíduos que responderam ao recrutamento e aqueles que estejam mais próximos do perfil do cargo em aberto.

> **Serviços gerais:** área responsável pela segurança patrimonial, brigada de incêndio, administração do restaurante ou refeitório da empresa, ambulatório médico, posto bancário, cantina, jardinagem, limpeza etc.

> **Sindicato dos trabalhadores:** órgão que representa os interesses dos trabalhadores nas relações trabalhistas.

> **Sindicato patronal:** órgão que representa os interesses das empresas nas relações trabalhistas.

> **Sindicatos:** organizações formadas por trabalhadores ou empregadores, reconhecidas por lei, que têm por finalidade promover e proteger interesses.

> **Socialização organizacional:** processo que tem como objetivo adaptar, integrar e manter o funcionário nos padrões culturais da organização.

> *Stakeholders:* qualquer pessoa ou grupos de interesse, ou seja, grupo afetado pelo negócio ou empreendimento. *Stake:* interesse, participação, risco; *holder:* aquele que possui.

> **Tecnonímia:** corresponde à técnica de nominação, isto é, a forma como são dados os nomes aos cargos.

> **Teoria da Equidade:** aponta a importância da percepção do empregado no que se refere à justiça no trabalho.

> **Terceirização:** é uma estratégia empresarial que consiste em repassar atividades para empresas especializadas no assunto, que possam oferecer soluções com mais qualidade e produtividade e menor custo.

> **Trabalho autônomo:** é o típico "trabalho por conta própria".

> **Trabalho temporário:** serviço com prazo determinado para iniciar e terminar.

> **Treinamento:** processo que visa suprir carências profissionais e preparar a pessoa para desempenhar tarefas específicas do cargo que ocupa.

ÍNDICE REMISSIVO

RESPOSTAS DOS EXERCÍCIOS

✓ **Capítulo 1**

1. Há um desequilíbrio entre a necessidade de a área evoluir no sentido de agregar valor aos assuntos estratégicos das organizações (missão, visão e objetivos) e a legislação que não acompanha as inovações e as necessidades de modelos de emprego mais flexíveis.

2. No momento não para a maioria das empresas de pequeno e médio portes, porque elas ainda mantêm uma estrutura mecanicista, sendo rígidas e firmemente controladas, opondo-se às propostas da quinta fase da evolução da gestão de pessoas. Porém, as mudanças levam tempo para acontecer e a fase ainda não se encerrou.

3. Quando as pessoas são reconhecidas e valorizadas, elas produzem mais e melhor. Quando as empresas criam programas de reconhecimento, dão oportunidade para a implementação de um planejamento estratégico que as torna mais competitivas.

4. Atenção aos requisitos dos cargos em detrimento das necessidades de recrutamento e seleção por competências (técnicas e comportamentais).

5. A abertura de oportunidades para que as pessoas participarem do processo de trabalho, permitindo-lhes sugerir melhorias e iniciativas capazes de trazer resultados à empresa, bem como a produção de ideias que possibilitem a implementação do "novo", trazendo soluções inovadoras no contexto organizacional.

✓ Capítulo 2

1. O modelo que suporte o poder decisório. Dessa forma, o modelo orgânico prevê a utilização de abrangente rede de informações e comunicação lateral, ascendente e descendente.

2. A *Runway* apresenta-se como uma empresa de estrutura mecanicista. A cultura implantada pela Miranda Prisley é notoriamente rígida, centralizada e autocrática, controlada e mantida por um rico sistema de recompensas.

3. O ambiente físico era luxuoso, denotando o *status* da empresa, complementando o sistema de recompensas oferecido pela *Runway*, como participar de eventos frequentados por pessoas famosas, como estilistas, fotógrafos e outros profissionais ligados à moda, viajar para o exterior, ter roupas e acessórios caros etc.

4. Por meio do afastamento da família, dos amigos e do namorado para a personagem Andrea. Se continuasse na *Runway*, ela precisaria mudar de namorado, já que o atual era simples demais para a cultura da empresa.

5. ➤ **Necessidades fisiológicas:** comia pouco e mal; tempo curto para ir ao banheiro; a rotina era cheia de situações estressantes.

   ➤ **Necessidades de segurança:** fazer o impossível e o antiético (como conseguir o manuscrito de um livro que não tinha sido publicado) para se manter no cargo.

   ➤ **Necessidades sociais:** a personagem era assediada por seus superiores e pares, portanto, não preenchia a necessidade de participação, associação, afeto e amor.

   ➤ **Necessidades de *status*:** a personagem não era reconhecida nem valorizada em seu ambiente de trabalho, embora o que sustentasse as colaboradoras da *Runway* fosse seu sistema de recompensas.

   ➤ **Necessidade de autorrealização:** não acontece a autorrealização, levando a personagem a desligar-se da empresa.

6. A percepção da injustiça ocorre em vários momentos. A personagem queixa-se em relação ao que tem dado à empresa (dedicação à longa jornada de trabalho, o máximo de desempenho para atender às exigências absurdas da sua chefe, seus conhecimentos e habilidades) e à desproporção pelo que recebe (em dinheiro e em reconhecimento).

✓ Capítulo 3

1. ➤ **Conhecimentos:** comprovação por meio de documentos (certificados, diplomas, histórico escolar e acadêmico, carteira de trabalho e previdência social).
   ➤ **Habilidades:** comprovar os conhecimentos adquiridos na prática (testes práticos, provas, dinâmicas).
   ➤ **Atitudes:** comportamento que esteja adequado às necessidades do cargo (entrevistas, laudos psicológicos).

2. Contratação é o ato em que o requisitante da vaga de emprego escolhe a melhor opção entre os candidatos apresentados pela área de Recursos Humanos, enquanto a admissão (art. 2° da CLT) é a concretização do processo de contratação, ou seja, quando o até então candidato comprova os requisitos de documentos civis e profissionais, atestado de antecedentes (profissionais e "criminais") e atestados de saúde ocupacional (ASO).

3. Pelo processo de indicação, seja interna ou pela rede de relacionamento com outros profissionais da área de Recursos Humanos.

4. Questionamento sem padrão de resposta para que o leitor possa posicionar-se praticamente com relação ao conteúdo aprendido.

5. Questionamento sem padrão de resposta para que o leitor possa posicionar-se praticamente com relação ao conteúdo aprendido.

6. Questionamento sem padrão de resposta para que o leitor possa posicionar-se praticamente com relação ao conteúdo aprendido.

7. Questionamento sem padrão de resposta para que o leitor possa posicionar-se praticamente com relação ao conteúdo aprendido.

8. Questionamento sem padrão de resposta para que o leitor possa posicionar-se praticamente com relação ao conteúdo aprendido.

9. Questionamento sem padrão de resposta para que o leitor possa posicionar-se praticamente com relação ao conteúdo aprendido.

10. a. É uma vaga para assistente administrativo.
    b. Por uma assessoria em Recursos Humanos.
    c. Pela análise de currículo, entrevista e uma prova de matemática financeira.

✓ Capítulo 4

1. Pode ser inserido por meio do processo informal de socialização (o novo membro aprende com o mais antigo "as manhas da empresa"), por meio de cursos e treinamentos ou pelo manual de integração do funcionário.

2. Questionamento sem padrão de resposta para que o leitor possa posicionar-se praticamente sobre o conteúdo aprendido.

3. Questionamento sem padrão de resposta para que o leitor possa posicionar-se praticamente sobre o conteúdo aprendido. A resposta deve conter o desenho e a avaliação do treinamento.

4. Questionamento sem padrão de resposta para que o leitor possa posicionar-se praticamente sobre o conteúdo aprendido.

5. a. Por meio de quanto pagam as empresas do mesmo ramo de atividades, do mesmo porte e da mesma região.

   b. Os que são compulsórios, para evitar multas elevadas. É preciso orientá-la que os benefícios como assistência médica, refeição e cesta básica, se não estiverem em convenções e acordos coletivos, podem ser uma alternativa. Já que são considerados despesas operacionais, podem ser abatidos no imposto de renda e sobre eles não recaem os encargos sociais.

   c. Pode utilizar recompensas não financeiras, como elogios, admiração, reconhecimentos etc.

6. Questionamento sem padrão de resposta para que o leitor possa posicionar-se praticamente com relação ao conteúdo aprendido.

7. Questionamento sem padrão de resposta para que o leitor possa posicionar-se praticamente com relação ao conteúdo aprendido.

8. Questionamento sem padrão de resposta para que o leitor possa posicionar-se praticamente com relação ao conteúdo aprendido.

9. São os critérios adotados para comparar o desempenho obtido em relação ao esperado pelo gestor da organização.

10. Questionamento sem padrão de resposta para que o leitor possa posicionar-se praticamente com relação ao conteúdo aprendido.

✓ Capítulo 5

1. Questionamento sem padrão de resposta para que o leitor possa posicionar-se praticamente sobre o conteúdo aprendido.

2. Questionamento sem padrão de resposta para que o leitor possa posicionar-se praticamente sobre o conteúdo aprendido.

3. Questionamento sem padrão de resposta para que o leitor possa posicionar-se praticamente sobre o conteúdo aprendido.

4. a. 50 pessoas faltaram, 45 chegaram atrasadas no trabalho e 15 pediram para sair mais cedo durante o mês.

   b. A empresa demitiu 90 funcionários e contratou 60.

   c. Antes de ser um relatório que aponta para o gestor a quantidade e os motivos das ausências dos empregados no posto de trabalho, esse documento mede o índice de produtividade em um determinado período.

✓ Capítulo 6

1. O Departamento de Pessoal cuida das questões legais e burocráticas dos funcionários, enquanto o Departamento de Recursos Humanos cuida das políticas e práticas de recrutar, selecionar, avaliar desempenho, treinar, desenvolver pessoas, evitar doenças e acidentes de trabalho, cuidar do clima organizacional e da satisfação do trabalhador.

2. Tratando bem os colaboradores e procurando suprir todos os subsistemas de RH, mesmo que não haja um departamento para cada subsistema.

3. Questionamento sem padrão de resposta para que o leitor possa posicionar-se praticamente sobre o conteúdo aprendido.

4. Os softwares especializados são distintos para cada subsistema de RH. Por exemplo, existe o software de recrutamento e seleção, de cargos e salários, de treinamento e desenvolvimento de pessoal, de departamento de pessoal, de medicina e segurança no trabalho. No sistema integrado de Recursos Humanos, todos os softwares de RH são interligados, dando uma visão geral de cada colaborador e de todos os colaboradores.